안전하고 생산성 높은 직장 만들기

안전관리자를 위한 인간공학

일러두기

- 이 책에 사용된 일본식 표현과 용어는 한국 실정에 맞는 표현과 용어로 교체되었습니다.
- 일본어는 국립국어원의 외래어 표기법에 준하여 표기하였습니다.

안전하고 생산성 높은 직장 만들기

안전관리자를 위한 인간공학

나가마치 미츠오 지음 | 박민용, 박인용 옮김

인재NØ

머 리 말

1993년 6월 폴란드 바르샤바에서는 국제학회가 개최되었습니다. 그 학회의 특별 강연에서 국제노동기구의 주카 타칼라 유럽산업안전보건청장은 선진국의 근로자 10만 명당 사고 건수를 발표했습니다. 일본의 사고 건수는 세계 최저였으며, 미국이 2위였습니다. 산업 재해에 있어 일본은 가장 안전한 나라라고 할 수 있는 셈입니다.

이러한 결과는 안전에 관하여 정부의 노력은 물론 일본 산업계의 높은 열의가 뒷받침되었기 때문이라 할 수 있습니다. 하지만 아직 안심하긴 이릅니다. 산업 재해 방지를 위한 성과를 거두지 못하는 업계와 개인 기업도 있기 때문입니다.

산업 재해와 사람의 실수는 직장, 작업자, 관리라는 3대 요인이 부적합해서 발생하는 것입니다. 그러므로 이들의 적합성을 높이면 사고와 실수가 확실히 줄어듭니다. 직장의 위험 요인을 제거하고, 사고 요인에 대한 작업자의 감수성을 높이면 사고를 완전히 없앨 수 있습니다. 또 조직 내에서 안전 관리 추진에 의욕적으로 몰두하면 꿈은 실현됩니다. 노동현장에서 사고를 완전히 없애는 일은 그렇게 어렵지 않습니다.

안전 문제가 해결되면 제품의 품질이나 생산성도 자연히 향상합니다. 그러므로 '안전 관리는 흑자 기업이 되는 길'이라고도 할 수 있습니다. 산업 재해를 완전히 없애기 위해서는 경영자와 관리자의 역할이 반드시 필요합니다. '안전제일'을 입으로만 외치고 있는 기업이 대부분인 이유도 '안전은 이익으로 연결되지 않는다'는 사고방식이 잠재되어 있기 때문입니다.

사고를 근절하는 비결은 안전 감수성을 기르는 데 있습니다. 직장에서 위험 요인을 발견하여 안전해지도록 조치하는 일도 관리 · 감독자와 작업자의 설비 위험 요인에 대한 감수성의 높낮이와 관계가 있습니다. 일을 쉽게 하는 것도, 지키기 쉬운 작업 순서를 만드는 것도 높은 안전 감수성을 갖고 있으면 가능합니다. 작업이 안전하게 이루어지는 일도 작업자의 안전 감수성에 좌우됩니다.

이처럼 인간이 이미 가지고 있는 고도의 안전 감수성을 키움으로써 사고 발생의 원인을 제거할 수 있습니다. 그 방법이 이 책에 소개되어 있습니다.

경영자와 관리자가 일을 열심히 하는 작업자를 보고 기뻐하며, 작업자가 경영자와 관리자를 신뢰하면서 동료와 함께 보람 있고 안전하게 일을 수행함으로써 의욕과 만족을 느끼는 기업을 이루면 안전하고 생산성 높은 직장을 실현할 수 있습니다. 이런 사고방식과 노하우가 이 책에 모두 망라되어 있습니다. 이 노하우를 실현한 많은 기업이 사고 건수가 눈에 띄게 줄어드는 결과를 얻었으며, 미국에서도 이 노하우가 안전을 높이는 데 일조하고 있습니다.

더욱 많은 기업이 안전 관리가 무엇인지 이해하고 산업 재해를 줄이는 데 이 책에서 도움을 얻기를 진심으로 바랍니다.

히로시마에서

차 례

제6장 무재해를 실현하는 안전 교육

제7장 안전 소집단 활동 진행

제8장 안전 관리 진행

제1장

안전 관리에 관한 기본적인 사고방식

1. 안전 관리란 무엇인가

세계보건기구(WHO)의 1992년 보고에 따르면 노동 인구 10만 명당 산업 재해 비율이 세계에서 가장 낮은 국가가 일본이며, 그 다음이 미국이라고 한다. 이러한 결과를 보면 일본의 산업 재해 방지를 위한 안전 관리가 세계적으로 뛰어나다고 할 수 있다.

우리는 평소에 "안전 관리는 어렵다", "재해와 사고를 없애는 것은 불가능하다"라는 말을 자주 듣는다. 특히 안전 관리자로 새로 임명된 사람이 이런 말을 곧잘 한다. 하지만 재해와 사고를 줄이는 일이 엄청나게 어려운 일은 아니다. 재해와 사고를 아예 없애는 것도 가능하다. 간단하다고 할 수는 없지만, 아주 복잡하지도 않다. 재해와 사고가 발생하는 배경에는 반드시 원리 · 원칙이 작용하고 있기 때문이다. "재해와 사고에는 인간이 관계하며, 인간은 무엇을 할지 모르므로 원리 · 원칙 등은 있을 수 없다."라는 반론을 하려는가. 그렇다면 "오늘 당신은 무엇을 했습니까?"라는 질문을 해보자. 이 문장의 '무엇'에는 인간의 행동 원리가 반드시 작용한다는 사실을 알 수 있다. 이러한 원리만 이해하고 있으면 안전 관리는 그다지 복잡하고 성가신 것이 아니며, 재해와 사고를 완전히 없애는 것도 불가능하지 않다. 실제로 안전 담당자가 되어 인간 행동의 원리를 이해하게 되면 이 일에 종사할 수 있음을 오히려 감사하게 된다.

안전 관리란 '작업이 목적대로 안전하게 이루어지도록 지도하고 관리하는 일'이다. 좀 더 간단하게 말하면 작업자들이 '어떻게 하면 좋을지 알기 쉽게 해주는 것'이다. 여기서 알기 쉽게 해준다는 말은 다음 사항과 관련이 있다.

① 일의 목적이 무엇인가(작업 목적)
② 일은 어떻게 완료되어 있는 것이 좋은가(이상적인 완료 모습)
③ 작업을 누가 하는가(작업 조직)
④ 작업을 할 때 어떤 도구를 사용하며 어떤 순서로 하면 좋은가(작업 계획 · 작업 순서)
⑤ 문제가 발생했을 때 누구에게 보고하는가(작업 책임)
⑥ 작업 결과를 어떤 기준으로 평가하면 완료된 것으로 보이는가(작업 결과 평가)

작업 목적과 완료 후의 모습을 이해하고 있지 않으면 제멋대로 일할 가능성이 높다. 또한 완료된 모습에 안전 포인트가 포함되지 않는다. 작업 조직이 적절하게 짜여 있지 않으면 좋은 팀워크가 이루어지지 않아 협동 작업이 원활하지 않다. 작업 계획이 세워져 있지 않으면 어떤 준비를 하고 공구와 장비도 어떻게 갖추어야 할지 알 수 없으므로 현장에서 눈에 띄는 장비로 대충 일하려는 작업자도 나온다. 작업 순서와 작업의 안전 포인트를 이해하고 있지 않으면 순서를 생략하거나 안전을 소홀히 하는 행위도 발생한다. 작업 책임 소재가 불명확하면 긴급 상황이 벌어졌을 때 처리가 늦어져 위험 상황을 조장하게 된다. 마지막으로 작업 완료 방법의 중요성과 작업 결과를 평가하는 방법을 모르고 있으면 작업이 불완전하게 끝나 다음 사고의 원인이 된다.

작업에 관한 앞의 ①~⑥ 사항을 작업원들이 이해하고 있으면 작업은 자연스레 안전하게 진행된다. 반대로 이 사항들이 충족되지 않은 작업 관리 토대에서는 사고 발생 가능성이 높아지면서 언젠가 사고가 발생한다. 동시에 이 여섯 가지 사항 모두 작업하는 사람과 관련되어 있다는 점을 간과해서는 안 된다.

안전 관리란 작업자가 작업을 이해하기 쉽도록 해주는 것, 눈에 보이도록 준비해 두는 것이며 각각의 사항에 관련이 있는 작업자의 행동을 관리 · 지도하는 것이다. 작업은 사람이 실행한다. 그러므로 작업에는 안전뿐만 아니라 제품의 품질과 생산 효율, 생산성도 관련이 있다. 따라서 작업 안전이 보장되고 작업자 자신이 인간적으로 성장하면 품질 관리와 생산 효율도 함께 향상된다. 결과적으로 생산성이 높아지고 생산 비용은 낮아진다.

안전 관리를 철저히 하면 흑자 회사로 성장하는 사례가 많다. 그 이유는 앞서 기술한 인간 행동을 경영하는 데 성공했기 때문이라고 할 수 있다.

2. 산업 재해가 사라진다

다음 페이지의 〈그림 1-1〉은 종합화학주식회사인 아사히카세이㈜의 노베오카 지사(직원 약 6,000명)의 안전 성적이다. 1981년경에는 사원과 관련업체 직원을 합쳐 1만 명 남짓한 규모였는데, 이 당시 연간 32건의 불휴재해와 10건의 휴업재해 등 총 42건의 사고가 발생했다. 기업 차원의 안전 지도 노력이 이루어지긴 했다는 사실은 약 0.6이라는 전체 재해 발생 도수율(산업 재해의 발생 빈도를 나타내는 단위-옮긴이)을 보면 알 수 있다.

사고 건수가 많았던 1981년경부터 노베오카 지사는 뒤에 설명할 NKY(새로운 위험 예지 훈련)라는 새로운 기법을 도입했다. 관리자 교육에서부터 전체로 서서히 침투시켜 가는 이 시책을 추진한 결과 1992년에는 휴업재해 0건, 불휴재해 5건으로 사고가 감소했다. 노베오카 지사의 레이온 공장(직원 700명)은 1992년까지 5년 동안 불휴재해조차 발생하지 않는 '완전한 무재해' 기록을 세웠다. 이 성

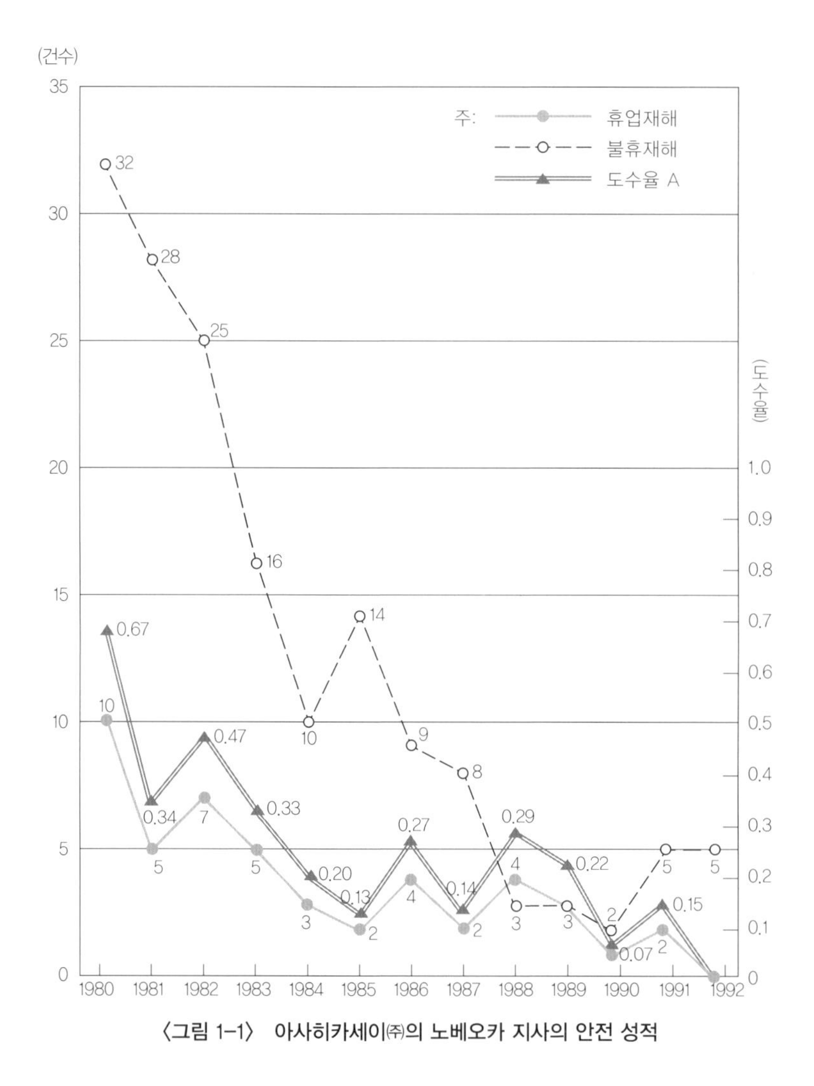

〈그림 1-1〉 아사히카세이㈜의 노베오카 지사의 안전 성적

과로 사장 표창은 물론 일본화학공업회상도 받았다. 700명의 직원 모두가 안전에 대해 깊은 인식을 지닌, 의욕적인 행동이 가능한 직장으로 변신한 결과였다. 즉, NKY에 바탕을 둔 안전 관리와 안전 지도가 노베오카 지사에 자극을 줘 사고를 줄이는 안전 실적으로

이어졌다고 할 수 있다. 이처럼 원리 · 원칙에 바탕을 둔 안전 관리를 실시하면 반드시 좋은 안전 성적을 거둘 수 있으며, 재해를 완전히 사라지게 만들 수도 있다.

또 다른 기업의 사례를 소개한다. 〈그림 1-2〉는 도레㈜의 17년간 안전 성적 추이를 나타내고 있다. 이 회사는 1983년에 NKY를 도입한 이후 안전 성적이 크게 개선되었다. 필자는 도레의 산업 재해 방지 활동에 수년간 종사하면서 아사히카세이처럼 사고 건수가 급격하게 줄어드는 것을 경험했다. 필자가 직접 관계한 마지막 1년간을 정리한 데이터가 다음 페이지의 〈표 1-1〉이다. 1989년에는 회사 전체에서 휴업재해 1건, 불휴재해 7건 등 총 8건으로 가장 낮

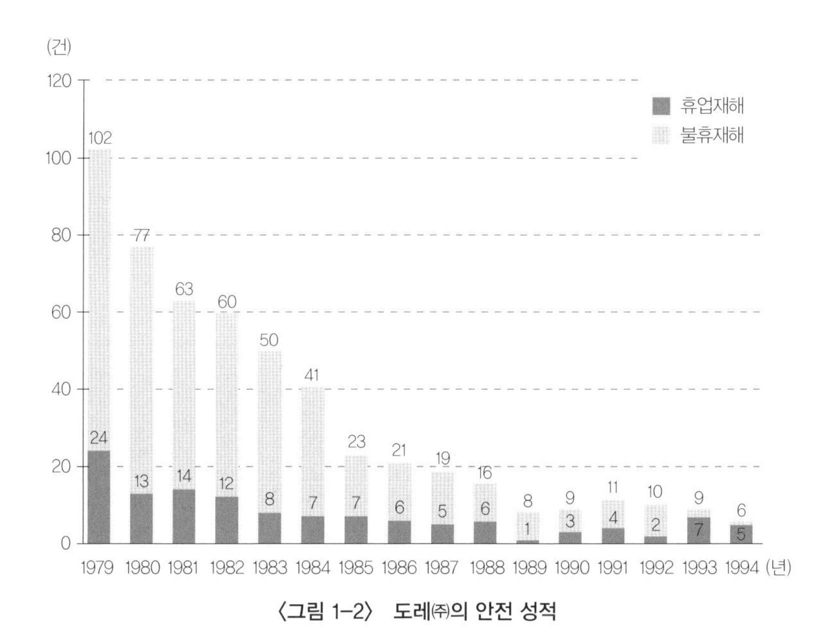

〈그림 1-2〉 도레㈜의 안전 성적

공장명		시가滋賀	세타瀨田	에히메愛媛	나고야名古屋	도카이東海	아이치愛知	오카자키岡崎	미시마三島	지바千葉	스치우라土浦	기후岐阜	이시카와石川	기초연구소	도쿄東京	오사카大阪	합계
사고건수	휴업재해	0	0	0	0	0	0	0	0	0	0	1	0	0	0	0	1
	불휴재해	1	1	0	1	0	1	0	1	1	0	0	0	1	0	0	7
	계	1	1	0	1	0	1	0	1	1	0	1	0	1	0	0	8

〈표 1-1〉 도레 각 공장 · 기관의 안전 성적(1989년)

은 사고 기록을 수립했다. 이 표와 같이 15개 공장 중 7개 공장이 무재해를 달성했으며, 또 이 7개 공장 모두 3년 이상의 무재해 달성 공장이다. 이중에는 10년 이상 무재해 달성 기록을 지속하고 있는 곳도 포함되어 있다.

즉, 적절한 안전 관리를 실시하면 산업 재해는 매우 쉽게 감소하며, 공장 단위에서는 무재해도 가능하다. 이와 같은 사고 감소를 여기서 언급한 아사히카세이와 도레뿐만 아니라 수백 개 기업이 경험하고 있다.

3. 바람직한 안전 관리가 흑자 기업을 만든다

앞서 소개한 아사히카세이(주)의 노베오카 지사의 레이온 공장에서는 매우 흥미로운 현상이 몇 가지 일어났다. 그중 하나는 재해가 격감함에 따라 제안 건수가 증가한 것이다. 이 회사에는 사고 발생과 관련한 요인을 발견했을 때, 그 내용과 해당 사고를 방지하는 아이디어를 종이 한 장에 기입해 제안하는 제도가 있었다. 회사 내부에서는 이 제도를 '섬뜩하거나 마음에 걸리는 제안'이라고 불렀다. 안전 관리가 실시된 후 이 제안 건수가 급속히 증가했다. 다음 페이지의 〈그림 1-3〉이 이러한 변화를 보여 주고 있다. 1985년에 NKY라는 안전 관리 방식이 도입된 후 1987년부터 1988년까지 제안 건수가 크게 증가한 것이다. 이와 동시에 직장 환경이 개선되면서 직장에서의 위험 요인이 눈에 띄게 감소했다.

두 번째 흥미로운 사실은 설비 가동률이 증대한 점이다. 〈그림 1-4〉는 이 공장의 고장난 설비의 수리 건수 추이를 표로 만든 것

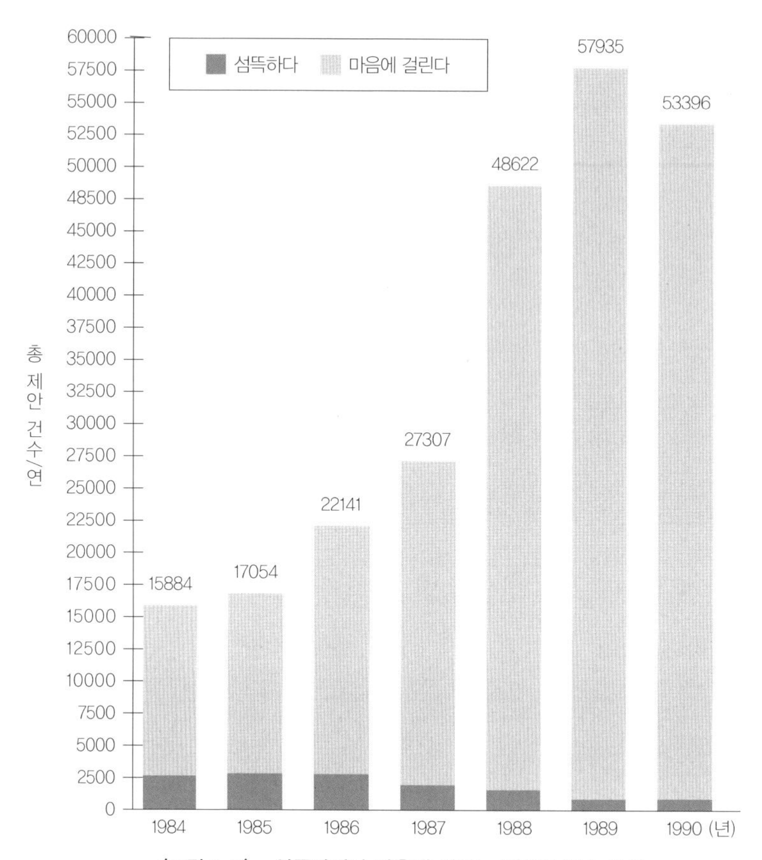

〈그림 1-3〉 섬뜩하거나 마음에 걸리는 제안의 건수 추이

이다. 1986년 하반기부터 1987년 상반기까지 설비 고장 수리 건수가 급격히 감소했으며, 1990년에는 1982년의 6퍼센트 수준까지 줄어드는 매우 큰 효과를 보였다.

설비 고장 및 정지는 생산량 하락으로 직결된다. 일본의 모든 기업은 설비 가동률을 높여 생산성을 향상시키고자 노력하고 있다. 이 분야의 중요한 관리 기술로는 전사적 생산 보전 활동(Total

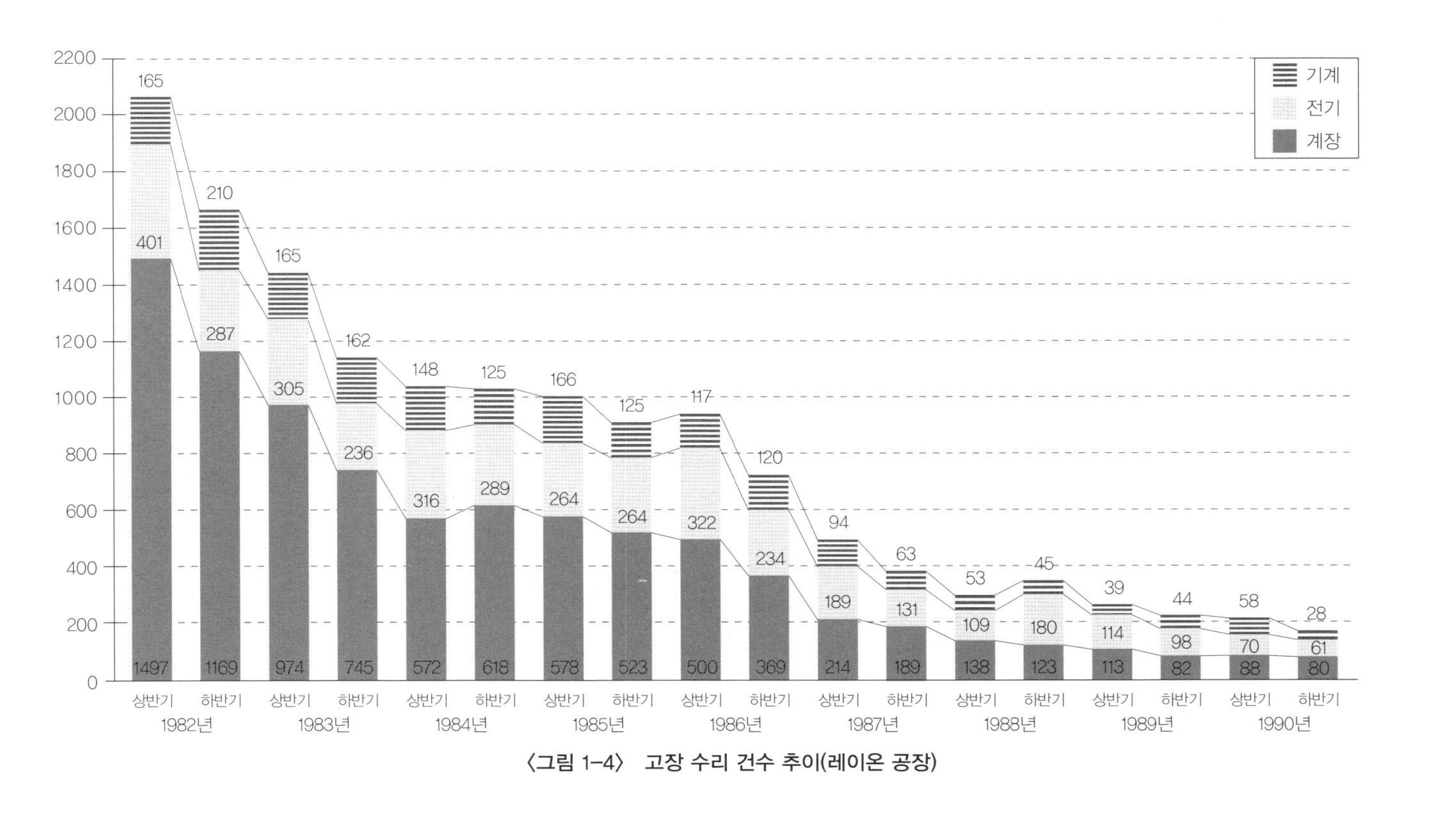

〈그림 1-4〉 고장 수리 건수 추이(레이온 공장)

Productive Maintenance, TPM)이 있으며, 이는 일본에서 종합적 품질 관리(total quality control, TQC)와 함께 중요한 관리 기술로 꼽힌다.

이 레이온 공장은 안전 성적 향상과 더불어 제안 활동과 설비 가동 활동이 매우 활발해져 결과적으로 설비 가동률도 대폭 향상되었다. 또한 신기하게도 이 시기에 세 번째 현상, 즉 원료에 대한 제품 비율이 개선되어 제품 품질이 좋아진 덕분에 공장 이익률이 극적으로 상승했다.

이러한 일이 왜 일어났을까? 현장의 일이란 제품을 만드는 것이다. 이 작업에는 품질이 좋은 제품을 효율적으로 생산하는 것뿐만 아니라, 사고를 일으키지 않고 능률적으로 기분 좋게 일하는 것도 포함된다. 즉, 현장 작업에서는 '안전은 여기까지'라든가 '생산성 향상은 내일 하자' 따위의 분할이 불가능하다.

현장 작업의 이와 같은 특성으로부터 사고 발생 원인을 이해해 '위험 요인'을 발견하는 능력을 작업자가 습관화하면, 그 능력이 설비의 정지 원인이나 품질에 영향을 미치는 작용 인자 등을 발견하는 능력을 길러 준다. 그러므로 안전 관리를 통해 사고가 극단적으로 감소하는 결과를 얻은 기업은 작업자의 감각이 높아지는 효과도 본다. 그 감각이 일의 진행 과정에서 나쁜 결과를 초래하는 원인을 적시에 없애 버린다. 결과적으로 기업 자체가 생산성이 높은 흑자

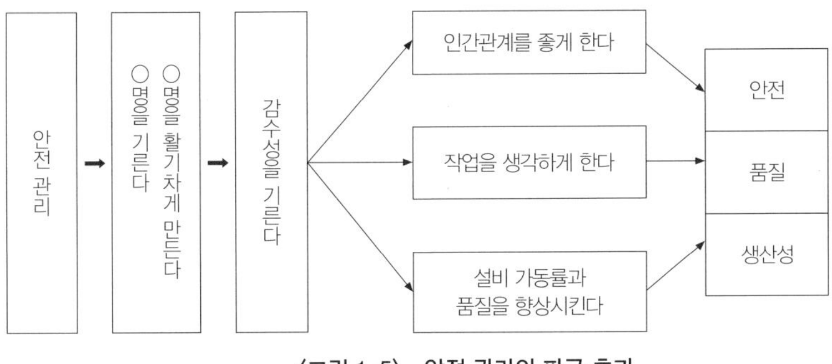

〈그림 1-5〉 안전 관리의 파급 효과

기업으로 변화해 가는 것이다.

안전 관리는 〈그림 1-5〉와 같이 아래의 과정을 차례로 이루면서 매우 의욕 있고 밝은 직장과 기업을 만드는 동력이 된다.

① 직장에서의 인간관계가 좋아지면

② 미팅이 활발해지고

③ 제안 건수가 늘어나

④ 직장에서의 개선 활동이 활발해진다. 그렇게 되면,

⑤ 사고가 감소하면서

⑥ 설비 가동률이 올라가고

⑦ 품질이 향상되며

⑧ 무리 · 낭비 · 하자도 줄어들고

⑨ 생산성이 높아지므로

⑩ 이익률이 증대된다.

4. 안전 관리의 기본은 의식 변혁이다

안전 관리를 담당하고 있으면 일이 차츰 재미있어진다. 왜 그럴까? 안전 관리가 궤도를 타면 직원들의 눈빛이 빛나기 시작해 인간관계가 매우 양호해지기 때문이다. 그러고 나면 일에 대한 열의가 생겨나 전 직원이 활기차게 움직이기 시작한다. 변화를 창출하고 그 변화하는 상황을 눈앞에서 보는 것이 즐겁다. 그러므로 안전 담당을 그만두고 싶지 않다는 필자의 심정이 수긍이 갈 것이다.

나중에 언급하겠지만 산업 재해는 많은 요인과 관련이 있다. 그러므로 작업자의 의식 변혁만으로 무재해 직장이 탄생할 수 있는 것은 아니다. 즉, 관리자의 구호만으로는 사고가 없어지지 않는다. 직장은 위험 요인으로 가득 차 있으며, 작업자는 그런 위험에 노출된 채 일을 하고 있기 때문이다. 하지만 사고와 관련된 위험 요인을 발견하는 것도 작업자이고, 그것을 개선하는 것도 작업자이며, 갑자기 발생한 위험 요인을 피해서 작업할 수 있는 것도 결국 작업자의 의식과 행동이다. 물론 가능한 한 위험 요인이 적은 환경을 설계하는 것은 설계자의 임무다[이 분야를 '제조 가능성(Manufacturability)' 설계라고 한다].

이렇게 생각하면 안전의 기본은 인간의 의식 개혁이다. 관리자와 작업자, 설계자와 생산 기술자까지 전원이 안전에 대한 의식과 위험 요인을 발견하는 감수성을 기름으로써 무재해 직장이 탄생한다. 따라서 인간의 행동 원리나 의식 또는 의식 개혁 원리를 아는 것이 곧 안전 관리의 기본이 된다. 그때그때 생각나는 대로 행동하거나 과학적인 근거가 부족한 방법을 취하고 있으면, 직원은 조직을 더 이상 신뢰하지 않고 기업의 안전 관리를 외면한다. 신뢰 관계란 한 번 깨지면 회복하는 데 여러 해가 걸린다.

안전 관리의 기본은 인간의 의식과 행동의 변화에 있다는 사실을 잊지 말아야 한다.

제2장

산업 재해의 3대 요인

1. 몇 가지 사고 사례

(1) 커터칼에 의한 사고

A사 현장. 어느 날 겨울 추위로 너덜너덜해진 비닐 호스를 본 작업반장이 호스 끝부분을 30센티미터 정도 자르라고 젊은 작업자에게 지시했다.

이때 눈앞의 작업대 위에 대형 가위가 놓여 있었는데도 작업자는 옷 주머니에서 대수롭지 않게 커터칼을 꺼냈다. 왼손으로는 끝을 둥글게 만 호스를 쥐고 오른손에 커터칼을 쥔 채 안쪽부터 호스를 자르기 시작했다(그림 2-1). 작업반장은 옆에 서서 말없이 지켜보고 있었다. 둥글게 말린 호스 안쪽에 장력으로 인해 칼이 잘 들지 않았다. 그러자 젊은 작업자는 칼을 자기 몸 앞으로 힘껏 잡아당겼다. 그 힘이 너무 지나쳐 칼이 호스 겉을 미끄러져 작업자의 복부까지 잘라버렸다.

이 사고는 당연히 사고 분석 위원회에 회부되었다. 특히 곁에 있

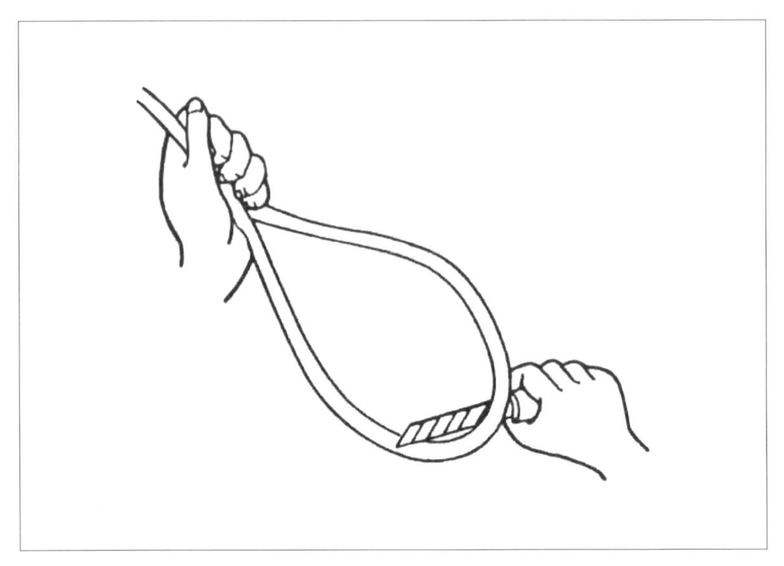

〈그림 2-1〉 호스를 자르는 잘못된 방법

던 작업반장의 지시가 문제가 되었으므로 작업반장이 위원회에 호출됐다. 작업반장은 젊은 작업자가 당연히 가위를 사용해야 한다는 사실을 알 것이라 생각해 가위를 쓰라고 지시하지 않았다고 했다. 또한 작업자가 커터칼을 꺼낸 순간에도 도대체 무엇을 하는걸까 생각했을 뿐 말리지 않았다고 했다. 심지어 작업반장은 작업자가 호스를 둥글게 말아 자르기 시작한 모습을 보고 배를 자를지도 모르겠다고 생각했는데, 그대로 되었다면서 자신의 예측을 자랑하다시피 말했다. 작업반장의 말을 들은 위원들은 어이가 없었다.

이 사고의 문제점 세 가지는 다음과 같다.

① 커터칼을 사용한 잘못 – 도구

커터칼과 가위 모두 위험 요인을 가지고 있다. 하지만 이 사례에서는 가위를 사용하는 것이 위험 정도가 낮다. 작업자는 가위를 사용해야 했으며, 작업반장도 그것을 권해야 했다. 이처럼 사고에는 위험 요인을 가진 설비와 도구가 관계한다.

② 커터칼 사용법의 잘못 – 사용법

작업자는 커터칼을 잘못 사용했다. 호스를 그림 〈2-1〉처럼 쥐면 칼을 잡아당기는 힘 때문에 호스 안쪽에 강한 장력이 발생해 절단하기 어려워진다는 점을 의식하지 못했다. 칼을 사용한다면 작업대 위에 호스를 놓고 손으로 돌리면서 자르면 안전하다. 역학적 작용력에 대한 무지와 안이한 작업 방법이 사고를 초래한 것이다.

③ 지시를 하지 않은 잘못 – 관리

반장이 가위를 사용하도록 지시했으면 이 사고는 발생하지 않았을 것이다. 작업반장은 작업의 최종 목적에 맞게끔 무엇을 해야 하는지 작업자에게 명확하게 지시해야 한다. 알고 있으면서도 지시하지 않은 것은 작업 관리를 하지 않은 것과 마찬가지다. 작업을 완성하는 데 있어서 관리자의 역할이 매우 중요하다.

(2) 높은 곳에서 떨어지는 사고

B사가 맡은 공사 현장에서 있었던 일이다. 거푸집에 넣은 콘크리트가 굳어 그 위에 다른 구조물을 만드는 작업을 했다. 2미터가 넘는 형틀 구조 위에서 작업해야 했으므로 회사는 승강 설비(사다리)를 준비했다. 그런데 작업자는 굳은 거푸집에서 튀어나와 있는 서까래를 계단처럼 생각해 거기에 발을 딛고 올라갔다. 〈그림 2-2〉와 같이 가장 높이 있는 서까래에 발을 올리고 체중을 싣는 순간 발이 미끄러져 추락하는 바람에 작업자는 2주간 입원해 치료를 받아야 했다.

이 사고의 문제점 세 가지는 다음과 같다.

① 거푸집에 발을 올린 행동 – 환경

2미터가 넘는 구조물 위에서의 작업은 고처(高處) 작업, 즉 높은 곳에서의 작업에 해당한다. 그러므로 작업 방법뿐 아니라 높은 곳을 오르내릴 때에도 충분히 주의해야 한다. 이 사례에서는 사다리를 준비했으나 작업자가 그것을 무시했다. 이러한 작업장의 분위기가 큰 문제다.

② 서까래에 유인된 불안전한 행위 – 근도반응

작업자는 불과 몇 미터 앞에 있는 사다리까지 가기가 귀찮아 눈

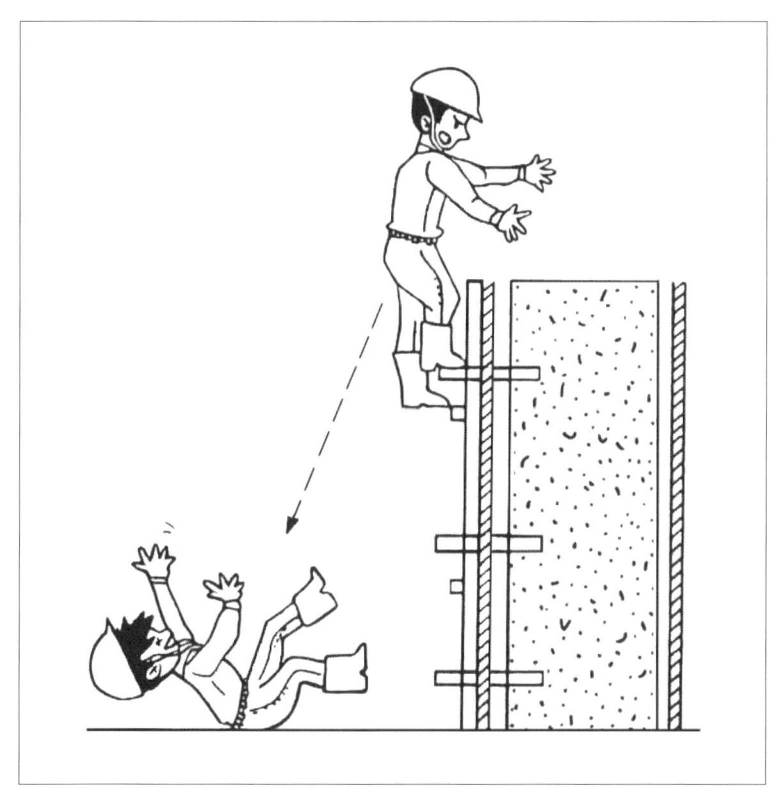

〈그림 2-2〉 서까래를 승강 설비로 오용

앞에 튀어나와 있는 서까래를 발판으로 삼았다. 서까래는 원래 승강용 발판이 아니므로 발을 올리기에 당연히 부적합했다. 게다가 당시 작업자는 발 크기에 비해 약간 큰 장화를 신고 있었다. 처음 두 단까지는 문제없이 올라갔으나 마지막 세 번째 단에 발을 올렸을 때 장화의 앞쪽 빈 부분에 체중이 실리는 바람에 미끄러져 추락하고 말았다. 서까래로 충분하다고 생각한 '방심'이 사고 원인 중 하나였던 것이다.

③ 안전 규칙을 따르지 않는 분위기 – 관리

건설업의 작업 환경은 특히 복잡하고 다양하다. 그러다 보니 가설 또는 미완성 구조물을 타거나 오르는 일이 많다. 그만큼 불안전 행위를 유발하기 쉽다. 그러므로 사다리를 갖추더라도 작업자가 반드시 그것을 이용한다고는 볼 수 없다. 우선 안전한 설비를 사용하고, 2인 작업으로 서로 규제하는 작업장 분위기를 만들 필요가 있다.

(3) 플랜지 교체 시의 가스 누출 사고

C사에서 어느 날 아침 8시가 조금 지난 시각에 축전지의 플랜지(flange)를 교체하기 위해 작업자가 플랜지를 푸는 작업을 시작했다. 플랜지 교체 작업 시에는 내부에 남아 있는 가스, 즉 찌꺼기가 분출될 우려가 있으므로 너트 부분에 비닐 커버를 푹 씌우고, 작업자는 고글을 장착한 채 비스듬한 방향에서 너트를 조금씩 풀어야 한다.

이날 작업자는 비닐 커버를 씌우지 않고 너트를 풀고 있었다. 그때 작업 책임자(감시자)가 가까이 다가왔다. 감압 작업을 마치는 데 작업 책임자 역시 전날에 동의했었다. 그러므로 플랜지 교체 작업자의 규칙 위반을 책망하려던 작업 책임자는 내부 찌꺼기가 날아

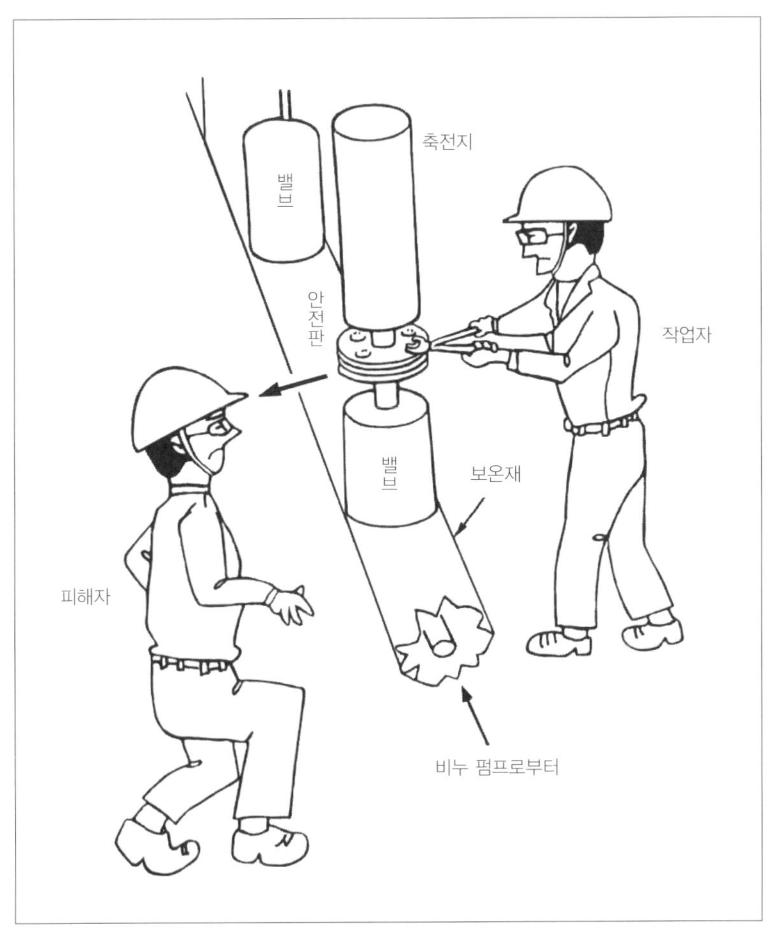

〈그림 2-3〉 고압관의 플랜지 교체 작업

오는지 보기 위해 축전지 앞으로 30센티미터 정도까지 다가갔다(그림 2-3). 이때 내부에서 찌꺼기가 날아와 그의 고글을 뚫고 눈에 들어가고 말았다. 다행히 안과에서 눈을 세정하는 정도로 그쳤으나, 운이 나빴다면 실명할 수도 있었다.

이 사고에는 다음과 같은 세 가지 사항이 관련되어 있다.

① **축전지의 위험 요인 - 설비**

감압되어 있더라도 내부에 끼어 있던 찌꺼기가 날아가는 사고는 빈번하게 일어난다. 이는 위험 요인이므로, 사고를 방지하기 위해 보호구를 장착하고 작업 순서를 지키도록 의무화되어 있다.

② **안전 규칙을 지키지 않은 작업자 - 의식 문제**

위험한 작업이니만큼 앞서 말한 안전 규칙이 존재한다. 그런데도 규칙을 준수하지 않은 작업자의 의식에 문제가 있다.

③ **작업 지시 방기(放棄) - 관리**

이 사례에서는 특히 작업 책임자의 태도가 사고의 주 원인이었다. 안전 규칙을 무시한 점을 보고도 곧바로 개선을 지시하지 않은 감독의 책임 방기가 문제였던 것이다. 또 자신이 위험한 부분을 들여다보는 불안전 행위를 범했다.

(4) 개구부에 끼이는 사고

D사는 FRP제 석유 채굴용 파이프의 압력을 검사하는 설비를 설치하고 있었다. 이 압력 검사실에서는 〈그림 2-4〉와 같이 작업자 두 명이 길이 7미터짜리 파이프를 검사실 왼쪽에 있는 가로 10미

터, 세로 0.57미터의 후드 개구부(開口部)에서 빼낸 뒤 컨베이어로 운반한 다음, 이 검사의 요(要)와 불요(不要)를 체크하면서 압력 검사를 했다.

사고가 일어난 당일에도 파이프 양 끝에 찍혀 있는 번호를 X씨와 Y씨가 읽은 뒤, 리스트와 대조해 검사의 필요 여부를 체크하고 있었다. 해당 파이프가 있으면 Y씨가 호루라기를 불고, X씨는 그 신호에 따라 후드 조절기로 방향을 바꾸어 후드 조작 버튼을 눌렀다. 그러면 양측의 철제 후드가 서서히 내려와 개구부가 폐쇄된다. 이 순서대로 X씨가 후드 조작 버튼을 눌렀는데, 후드가 내려오다가 정지해 버렸다. 이상하게 생각해 돌아보니 〈그림 2-4〉의 왼쪽 그림과 같이 후드 개구부에 Y씨의 상반신이 끼어 있었다. 후드를 급히 올리고 병원으로 옮겼으나 세 시간 후 Y씨는 사망했다.

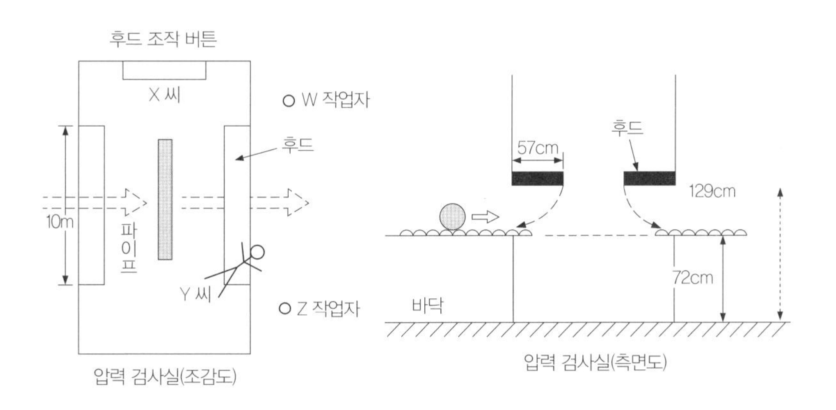

〈그림 2-4〉 압력 검사실의 구조와 인원 배치

이 사고를 분석하면 다음과 같은 세 가지가 깊이 관련되었음을 알 수 있다.

①개구부라는 위험 요인 – 환경

작업 환경 중 개구부는 위험 요인이다. 이 사례에서는 기다란 파이프를 출입시키는 큰 개구부가 설치되어 압력 검사 때마다 개폐하는 작업이 매우 빈번하게 이루어졌다. 게다가 개구부에서는 중량이 수 톤에 이르는 철제 후드가 내려온다. 그러므로 작업자가 이것에 끼이면 최악의 경우 내장 파열로 사망하는 사고까지 예상할 수 있다. 따라서 개구부에는 당연히 안전 대책이 마련되어 있어야 한다.

② 위험 요인에 휘말리는 인간 심리 – 인간

이 사고는 검사 신호를 보낸 Y씨가 스스로 위험 요인인 개구부에 상반신을 들이밀면서 일어났다. 나중에 조사한 결과 Y씨는 개구부에서 머리를 내밀고 팔짱을 낀 채 바깥에 있던 두 명의 동료에게 "이봐, 지금부터 휴식이야." 하고 소리쳤다고 한다. 개구부가 위험 요인이라는 사실을 알면서도 그 위험 요인에 신체를 노출하는 불안전 행위가 사고 요인이었던 것이다. 아울러 X씨가 Y씨의 위치를 확인하고 나서 조작 버튼을 누르는 순서로 작업이 이루어졌다면 이런 일이 발생하지 않았을 것이다.

③ 설비 안전의 검토 – 관리

이 작업을 여러 해 계속한다면 Y씨의 행위와는 무관하게 어떤 사고가 발생했으리라 생각할 수 있다. '조심하라'라는 단순한 지시뿐 아니라 안전에 대한 본질적인 생각이 관리자에게는 반드시 필요하다. 이 사례에서는 Y씨 쪽에도 같은 기능을 가진 후드 조절기를 부착하고, 두 사람이 동시에 조작하지 않는 한 후드가 절대 움직이지 않도록 해 두었어야 한다. 그랬으면 실내의 작업자가 후드 개구부에 접근하는 것을 막을 수 있었을 것이다.

2. 사고 발생의 3대 요인

앞의 네 가지 사례에서 사고를 일으킨 요인들을 분석하고 설명했다. 다시 정리해 보면 다음과 같다. 모든 사고가 ① 기계 설비 · 환경 요인, ② 인적 요인, ③ 관리 요인이 결합하면서 발생했다. 네 가지 사례와 재해와 사고의 3대 요인 관계를 정리해 보면 다음 페이지의 〈그림 2-5〉와 같다. 그렇다면 각 요인에 대해 알아보자.

(1) 기계 설비 · 환경 요인

작업은 특정 환경에서 특정 도구와 설비를 이용해 이루어진다.

현장의 작업 환경에는 개구부가 적지 않다. 추락 사고나 앞서 설명한 상황처럼 개구부의 기계 부분에서 상해 및 사망 사고가 자주 일어난다. 그러므로 개구부는 위험한 환경 요인 중 하나다. 최근 1~2센티미터 정도의 작은 간극에 손과 손가락이 끼어 절단되거나

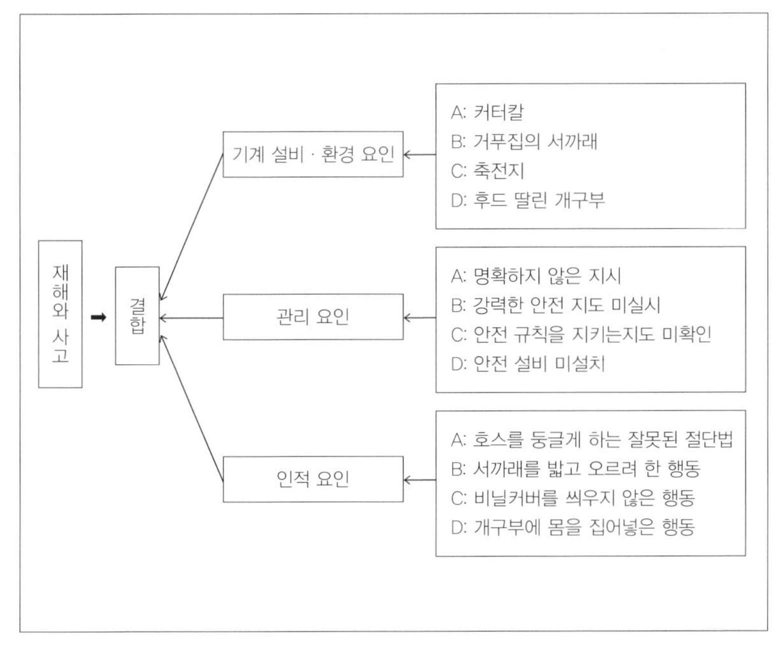

〈그림 2-5〉 사고 발생의 3대 요인과 사례의 관계

다치는 사고도 늘어나고 있다. 개구부는 크든 작든 위험 요인이다. 또 미끄러지기 쉬운 바닥면과 발이 걸려 넘어지기 쉬운 작업장도 위험하다.

높은 장소에서의 작업(2미터 이상) 중에는 추락에 의한 상해 및 사망 사고가 발생하기 쉽다. 그러므로 높은 장소 그 자체가 환경적인 위험 요인이라고 할 수 있다.

기계 설비의 위험 요인도 다양하지만, 특히 예상 밖의 기계 동작, 위험해 보이지 않는 기계 운동이 문제다. 예컨대 산업용 로봇은 전자의 전형적인 예로, 프로그램 실수 또는 노이즈(noise) 등에 의해 예측하지 못한 동작을 하는 경우가 있다. 후자의 예로는 모터나 롤러 같은 기계를 들 수 있다. 이 경우 누가 보든 확실하게 위험한 고속 회전 때보다 오히려 정지하기 전의 느슨한 회전 때 안심하여 안이하게 손을 내밀어 상처를 입는 경우가 많다.

앞에서 다룬 A사의 사례에서는 커터칼이 위험 요인을 가진 도구에 해당한다. B사의 경우에는 높은 장소(2미터)에 오르는 서까래가 환경 요인이다. C사의 사례에서는 찌꺼기가 날아올 우려가 있는 축전지가 기계 설비의 요인에 해당한다. 마지막 D사에서는 무거운 후드를 개폐하는 개구부가 환경적인 위험 요인에 해당한다.

(2) 인적 요인

인간의 신뢰성은 그다지 높지 않다. 당장은 '사랑해'라고 말해도 몇 년이 지나면 그 애정이 식어 버릴 가능성이 크다. 기억을 영원히 유지할 수는 없다. 게다가 인간은 감정의 동물이므로 귀찮은 것을 피하기도 하고, 잘못된 행동을 쉽사리 저질러 버리기도 한다. 반면 하고자 하는 의욕이 있을 때는 기대 이상의 것도 해낸다.

이러한 인간의 특성은 여러 사고와 관련이 깊다. 느슨하게 회전하고 있는 기계에 경솔하게 손을 내밀어 본다거나, 계단의 마지막 몇 단을 한 번에 뛰어 내려가 발을 접질리기도 하며, 차단기가 내려져 있는 건널목으로 차를 운전해 들어가 사고를 초래하기도 한다. 여러 가지 불안전한 행위를 하는 본체는 언제나 인간 그 자체다. 다만 대단히 흥미로운 것은 이러한 불안전 행위에는 반드시 대상이 있다는 점이다. 서서히 회전하고 있는 기계, 계단, 건널목 등이 그것이다. 환경에서 나온 자극이 인간의 불안전 행위를 유발하는 것이다.

앞에서 소개한 각각의 사례에서 보자면, 호스를 둥글게 해 안쪽에서 자르려고 한 상식 밖의 행위(A사), 설치되어 있는 사다리를 이용하지 않고 눈앞의 서까래를 사다리 대신 사용하려고 한 안이한 판단(B사), 감압 작업 결과를 과신하고 내부의 찌꺼기가 날아올 가능성을 무시한 행동(C사), 업무를 되풀이하면서 느슨해진 위험에 관한 주의, 개구부에 몸을 내밀고 있는 자세가 동료에게도 보일 것이라는 독단(D사) 등이 인간에 의한 사고 요인이다.

(3) 관리 요인

관리 · 감독자의 역할은 작업이 목적대로 이루어지도록 작업을 관리하는 데 있다. 즉 작업자에게 어떻게 작업하면 좋은지, 어떤 순서를 밟아야 하는지를 명확하게 지시하고 작업 계획에 맞춰 작업 상태를 체크하는 것이다. 이 요건을 지키지 않으면 작업자는 무엇을 해야 할지 몰라서 '요령껏' 작업할 수도 있다.

여기서 말하는 관리는 작업에 직접 관계하는 관리 · 감독자의 역할에 한정되지 않는다. 기업이나 직장 내 안전이 유지되게끔 하는 의욕과 분위기의 강도도 관련이 있다. 조직 내에 안전 의식이 강하게 자리해 있으면 작업자끼리도 안전에 대해 배려하고 체크하기 마련이다. 반대로 안전에 무관심한 조직에서는 불안전한 행위를 보고도 간과해 버리는 경우가 많다.

따라서 부적절한 관리는 기계 설비 · 환경 요인 및 인적 요인과 연결되어 사고를 발생시키는 원인이 된다. 반대로 능력 있는 관리자는 설비 · 환경에서 위험 요인을 미리 제거하여 사고를 막는다.

앞의 사례를 분석하면, A사의 경우 작업자가 감독자 눈앞에서 커터칼을 꺼내고 잘못된 방법으로 잘랐는데도 아무런 지도가 없었다. 게다가 그 결과를 미리 예상하고 있었으면서도 막기는커녕 그 예지 능력을 과시하기까지 하는 등 감독 책임을 방기했다. 최근에 이러한 감독자가 늘어나고 있다. B사의 경우는 2미터 높이의 콘크리트 구조물에 작업자가 오르내려야 하기 때문에 사다리를 미리 준비한 점은 어느 정도 좋게 평가할 수 있다. 하지만 작업자가 사다리 대신 서까래를 이용한 것은 조직의 안전 의식에 문제가 있음을 반증하는 것이다.

C사의 사례는 감독 책임 방기에 더해 감독자 자신이 안전하지

못한 행위를 범한 경우다. D사는 안전 관리에 비교적 열의가 있는 기업이지만, 앞선 사례에서 보듯이 작업자의 주의 및 관리에 전적으로 의존한 듯하다. 주의하라고 말하는 것만으로 끝날 만큼 인간 행위의 신뢰성은 그리 높지 않다. 그러므로 기업은 이러한 사실을 깨닫고 설비를 근본적으로 안전하게 해 두어야 한다. '안전제일'을 내걸고 있는 무수한 기업 중 설비상의 근본적인 안전 대책을 철저히 마련하고 있는 기업은 지극히 적은 것이 현실이다.

3. 3대 사고 요인으로 본 사고 방지 대책

어떤 사고든 ① 기계 설비 · 환경이 가진 위험 요인, ② 인간의 지식 부족과 기분 등의 심리적 요인, ③ 관리 요인 이렇게 세 가지가 관련이 있다. 이 세 요인의 부적절한 결합에 의해 사고가 발생한다고 알려져 있다(그림 2-5). 따라서 사고를 근절하는 대책은 이 3대 사고 요인을 이론적으로 없앰으로써 시작된다.

(1) 기계 설비 · 환경의 위험 요인 대책

기계 설비에는 위험 요인이 당연히 따른다. 선반이 금속 재료를 절삭하는 기계인 이상 작업자가 손을 다칠 가능성이 없지 않다. 프레스 기계는 압력으로 재료를 성형하는 기능 때문에 해당 작업에 종사하는 자의 신체 일부를 손상시킬 위험이 있다. 커터칼 같이 재료를 자르는 도구도 손을 자를 수 있으며, 작업 자세에 따라 다른 부분을 잘라 버리는 일이 발생할 수 있다.

동시에 원래 기계 설비가 갖고 있는 이런 위험 요인이 부가 가치를 만들어 이익을 도모한다. 그러므로 이러한 위험 요인들을 모두 제거하는 것은 불가능하다. 또한 안전 관리는 이러한 위험 요인들을 제거하는 것이 아니다. 올바른 안전 관리는 기계 설비의 위험 요인이 작업자인 인간을 다치게 하지 않도록 하는 것이다. 예컨대 프레스 기계가 완전히 정지하기 전에 작업자가 손을 넣기 때문에 사고가 일어난다. 그러므로 기계 조작 버튼을 두 군데로 떨어뜨려 설치해 작업자가 양손으로 조작하지 않으면 작업할 수 없는 구조로 개선하면 이런 종류의 사고를 막을 수 있다. 그리고 작업자가 출입하는 입구에 안전 플러그라는 인터록(interlock)을 설치하는 방법도 있다. 이러면 작업자가 기계에 들어갔을 때 로봇의 1차 전지가 무조건 끊어짐으로써 안전을 확보할 수 있다.

실제로 한 명의 작업자가 여러 대의 기계를 사용해 작업하는 경우, 기계에 재료를 세팅한 뒤 가까운 기계로 자리를 옮겨 조작 버튼을 누르도록 해 눈앞에서 기계를 조작하는 일이 없도록 하기도 한다. 또 기계의 회전 부분에 커버나 칸막이를 설치해 긴급할 때 커버 혹은 주위의 일부를 벗기면 회전부가 정지하는 구조를 사용하기도 한다. 이러한 구조도 같은 개념에 바탕을 두고 있다.

작업 환경에서는 개구부나 돌출물이 있는 벽과 천장, 미끄러지기 쉽거나 요철이 있는 바닥도 위험 요인이 된다. 이 경우에도 위험 요인에 작업자가 직접 접촉하지 않도록 차단하는 것이 대책의 기본이다.

작업장에서 위험 요인을 없애는 것은 우선 작업장에 있는 위험 요인을 확인하는 것으로 시작한다. 이때는 순찰반을 결성해 작업장을 실제로 점검하면서 순회하는 방법이 효과적이다. 순찰 중 위험 요인을 메모하기 위해 다음과 같은 체크리스트를 준비하는 것이 좋다.

① 회전부는 커버 등으로 덮여 있는가?
② 연소 탱크 등의 고온 부분에 접촉하는 것을 방지하는 설비가 되어 있는가?
③ 절삭 기계 등의 조작 부분은 가공 부분으로부터 충분히 떨어진 곳에 설치되어 있는가?
④ 절삭할 때 필요한 기구는 기계 곁에 갖춰져 있는가?
⑤ 로봇처럼 일정 공간에서 움직이는 기계에는 그 공간을 막는 칸막이가 설치되어 있는가?
⑥ 위 문항의 칸막이 안에 출입하는 입구에는 인터록이 갖춰져 있는가?
⑦ 개구부에는 작업자의 신체 일부가 들어가는 것을 방지하는 커버가 씌워져 있는가?

⑧ 설비 · 환경에 작업자의 손 또는 손가락이 들어갈 만한 틈은 없는가?

⑨ 충전부에는 사람의 몸과 직접 닿는 것을 막는 커버가 갖춰져 있는가?

⑩ 높은 장소에는 견고한 손잡이가 설치되어 있는가?

⑪ 바닥에는 작업자가 걸어다니는 것을 방해하는 요철이 없는가?

⑫ 바닥이 미끄러지기 쉬운 재료로 만들어지지는 않았는가? 또 기름이나 물기 등이 남아 있지는 않은가?

⑬ 조명은 작업장 전체에 빠짐없이 미치고, 충분한 조도가 확보되는가?

⑭ 통로는 작업자가 우회하지 않고 지나다닐 수 있도록 확보되어 있는가?

⑮ 통로에 작업자가 접촉할 만한 돌출물은 없는가? 또 높은 장소에서 떨어질 수 있는 물건에 대한 방책이 설치되어 있는가?

이 활동을 실시할 때에는 해당하는 위험 요인을 개선하는 비용을 예산에 넣어야 한다. 그러므로 순찰반에 작업장의 작업자뿐 아니라 관리자를 포함할 필요가 있다. 또 순찰은 1년에 여러 차례 실시하고, 그때마다 작성한 체크리스트의 위험 요인을 우선순위를 두고 개선해 나간다. 이렇게 하면 기계 설비 · 환경 요인이 사고로 이어지는 원인을 없앨 수 있다.

(2) 인적 요인의 대책

인적 요인, 즉 인간은 사고 발생에 가장 큰 영향을 미치는 요인이다.

인간은 기계 설비의 회전 부분에 손을 내밀지 않도록 평소에 주의를 기울여도, 어느 순간 자기도 모르게 그러한 행동을 한다. 벨트 컨베이어를 타넘지 말라고 해도 가로질러 가기 위해 타넘는다. 적절한 기구를 찾는 수고를 귀찮아해 가까이 있는 도구로 대충 해결하려는 속성도 갖고 있다. 정해진 작업 순서를 무시하고 제멋대로 작업을 해 나간다. 확인은 형식적으로 대충 하고, 명령을 받으면 얼굴을 찡그린다. 이처럼 모두 열거할 수 없을 정도로 인간에게는 안전하지 못한 행위를 일으키는 원인이 많이 있다.

작업자가 어떤 이유로 이런 불완전 행위와 잘못을 저지르는지에 대해 나중에 자세히 말하겠지만 요약하자면 아래와 같다.

① 지식 부족

② 경험 부족

③ 착각이나 착오

④ 억측으로 인한 실수

⑤ 작업 순서에 어긋나는 생략 행위

이러한 행위를 줄이려면 작업자 개개인의 숙련도와 지식 습득 상황을 파악해야 하며, 체험을 포함한 기능 훈련, 시뮬레이터에 의한 훈련, 감정 억제 등의 자기 관리, 팀 구성 등 각종 교육 및 훈련이 이루어져야 한다.

(3) 관리 강화

기계 설비에 있는 위험 요인을 제거하고 작업자의 교육 및 훈련을 강화하는 것 모두 관리와 관계가 깊은 사항이다. 즉, 사고가 전혀 나지 않을지, 또는 계속 일어날지는 모두 관리 수준과 관련이 있다.

안전 관리의 모든 책임은 관리 · 감독자에게 있다. 따라서 관리 관계자는 다음 세 가지 사항을 이해하고 있어야 한다.

① 설비와 환경이 사고 발생과 어떤 관련이 있는가?

② 작업자는 안전 규칙을 왜 지키려 하지 않는가?

③ 부적절한 관리는 ①과 ②를 결합시키는 촉매 작용을 하고, 좋은 관리는 이 두 가지를 분리한다.

①을 이해함으로써 기계 설비와 환경에 의한 사고를 완전히 없애는 리더십을 취하고, ②를 파악함으로써 인적 요인의 대책으로 새로운 훈련 방식을 가늠할 수 있다. 그리고 안전 관리의 중요성을 인식함으로써 위험 요인의 발견과 불안전 행위를 제거하는 데 힘을 항상 기울일 수 있다.

'부상과 도시락은 자기 부담'이라는 말을 흔히 하는데, 이것은 작업 당사자에게 해당되는 말이다. 그렇다고 해서 사고 발생을 방지하기 위해 작업 환경 측면의 사고 유발 원인을 제거해야 하는 관리 · 감독자의 책임이 없어지지는 않는다. 예컨대 현장 개선 운동인 5S(정리, 정돈, 청소, 청결, 습관화)나 6S(정리, 정돈, 청소, 청결, 소양, 안전)를 도입해 철저히 따르기만 해도 사고 건수가 줄어든다. 작업 환경을 항상 깨끗이 유지하고, 배열을 적절하게 변경하며, 설비와 통로를 명확히 구분해 두는 것은, 작업자가 안전하게 일할 수 있는 환경을 이루는 것과 같기 때문이다. 이런 의미에서 경영 능력이 직장 전체에 번지면 안전 성적은 확실히 향상된다. 예를 들면 작업자 순찰반을 결성해 위험 요인 발견과 제거를 직접 실시하고, 일하기 쉬운 직장으로 만들기 위해 레이아웃을 변경하거나, 작업의 수준에 맞춰 작업장 재개발을 실시하는 등 직장의 소집단 활동을 활발하게 하는 것이다. 즉, 소집단이 자율 집단이 되도록 육성하는 것이다. 그렇게 하면 관리 시스템이 회사 전체로 파급되어 안전이 작업자 자신의 문제로 인식될 가능성이 높다. 이 단계에 이르면 사고는 거의 일어나지 않거나 완전히 없어질 것이다.

경영자도 안전 관리를 관리 · 감독자의 책임으로 한정하지 않아야 한다. 즉, 안전 운동의 필요성을 깊이 인식하고 직접 진두지휘해야 한다. 그럼으로써 회사 전체가 자율적인 안전 관리 집단으로 변화하도록 만들면, 사고를 근절하는 것은 물론 생산성 향상까지 기대할 수 있다.

제3장

인적 실수

1. 인적 실수란 무엇인가

기업 경영 전문가로 유명한 데이비드 마이스터는 인적 실수를 '요구된 퍼포먼스(행위)로부터의 일탈'이라고 정의한다. 예컨대 플랜트 공장의 관제실에서 A컨트롤러를 조작해야 하는데, 옆의 B컨트롤러를 조작하는 바람에 기업이 큰 손해를 봤다고 하자. 여기서 요구된 퍼포먼스가 A조작에, 일탈이 B조작에 해당한다.

인적 실수는 기본적으로는 사람의 실수에 기인하지만, 그밖에도 실수를 유발하는 원인이 존재하기 마련이다. 그렇기 때문에 인적 실수를 방지하려면 인간의 지도와 관리만으로는 충분하지 않으며, 다른 유발 원인을 제거하는 것이 중요하다.

제1장과 제2장에서 기술한 산업 재해도 인적 실수 때문에 생긴 것이다. 인적 실수는 인간이 입는 상처의 유무와 무관하게, 설비 사고의 유발 등 어떤 형태로든 직장이나 기업에 손해를 끼친다.

인적 실수의 개념을 이해하기 위해 몇 가지 사례를 살펴보자.

(1) 석유화학 공장 폭발 사고

1972년 10월 8일 오후 9시 55분경, 어느 석유화학 공장에서 프로필렌을 촉매 및 용제와 중합해 폴리프로필렌을 제조하는 4호 중합기의 보조 냉각기에 문제가 생겼다. 곧바로 세정 작업을 개시했지만, 개시 5분 후에 변전소 사고에 의한 정전 사고가 겹쳤다. 세정 중이던 보조 냉각기로 용제를 넣는 작업을 중지하려고 4호 중합기 아랫부분의 차단 밸브를 열려고 했다. 그러나 정전 때문에 사방이 어두워 보이지 않아 중간 패널 위의 6호 중합기 코크를 잘못 조작했다. 그 탓에 6호 중합기 아랫부분의 차단 밸브가 열리고 말았다(그림 3-1). 이 결과 6호 중합기의 내용물이 흘러나와 압축 펌프실 부근에서 폭발이 일어났다. 이 사고가 일어난 배경에는 다음과 같은 내용이 숨어 있었다.

① 중합 반응은 열 반응이기 때문에 중합기 내의 물 냉각관과 냉각용 재킷이 온도를 조절하고 있었으나, 충분하지 않아 외부에 보조 냉각기를 부착해 온도를 조절하고 있었다.

② 사고가 일어나기 사흘 전에 6호 중합기의 보조 냉각기가 막혀서 사고 당일 아침 해당 보조 냉각기를 물로 씻는 작업을 실시, 오후 3시에 끝낸 다음 차단 밸브와 흡입 밸브 사이의 수분

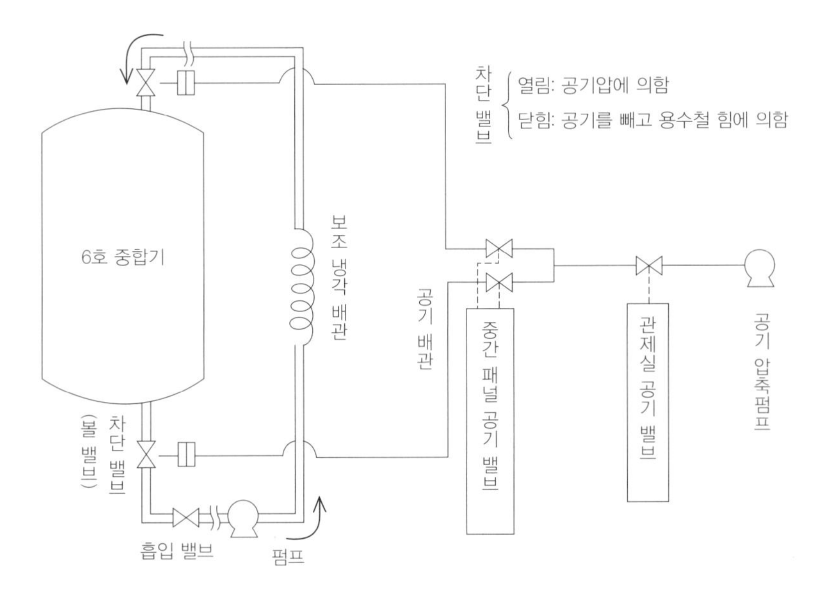

〈그림 3-1〉 6호 중합기와 관련된 밸브의 위치

을 건조시키기 위해 흡입 밸브를 '열림' 상태로 해 두었다. 그런데 앞서 말한 잘못된 조작으로 6호 중합기의 차단 밸브가 '열림'이 되었으므로 내용물이 흘러나온 것이다.

③ 단 이 시스템은 현장 패널이 열렸다고 해서 곧바로 내용물이 흘러나오는 구조는 아니었다. 즉, 관제실의 코크도 '열림'이 되지 않는 한 내용물이 흘러나오지 않도록 되어 있었다(그림 3-2). 나중에 조사해도 관제실의 코크가 왜 열려 있었는지는 밝혀지지 않았다. 배전반 담당자 가운데 누구도 코크가 열려 있었음을 알아차리지 못했던 것이다.

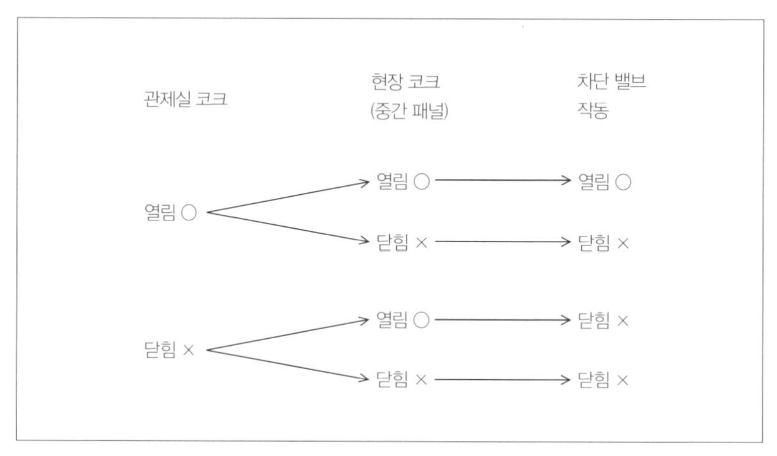

〈그림 3-2〉 차단 밸브 개폐의 이중 점검

이 폭발 사고를 분석해 보면 단순한 인적 실수로 일어난 것이 아님을 알 수 있다. 물론 직접 원인은 현장 중간 패널에서의 조작 실수(인적 실수)다. 〈그림 3-3〉을 보면 6호 중합기용 패널 아래쪽 코크가 O(즉 열림) 방향을 향하고 있다. 하지만 이렇게 잘못되어 있어도 일반적으로는 내용물 유출로 곧장 연결되지 않는다. 그런데도 사고가 일어난 원인은 ① 6호 중합기가 막혀서 세정한 후에도 흡입 밸브가 '열림'인 채로 방치되어 있었던 점과, ② 조종실의 6호 중합기 코크도 '열림'으로 되어 있었지만 아무도 알아차리지 못했던 점, ③ 정전이 우발적으로 일어난 점이라 할 수 있다.

이 폭발 사고를 49페이지의 〈그림 2-5〉에 따라 정리해 보면 다음과 같다.

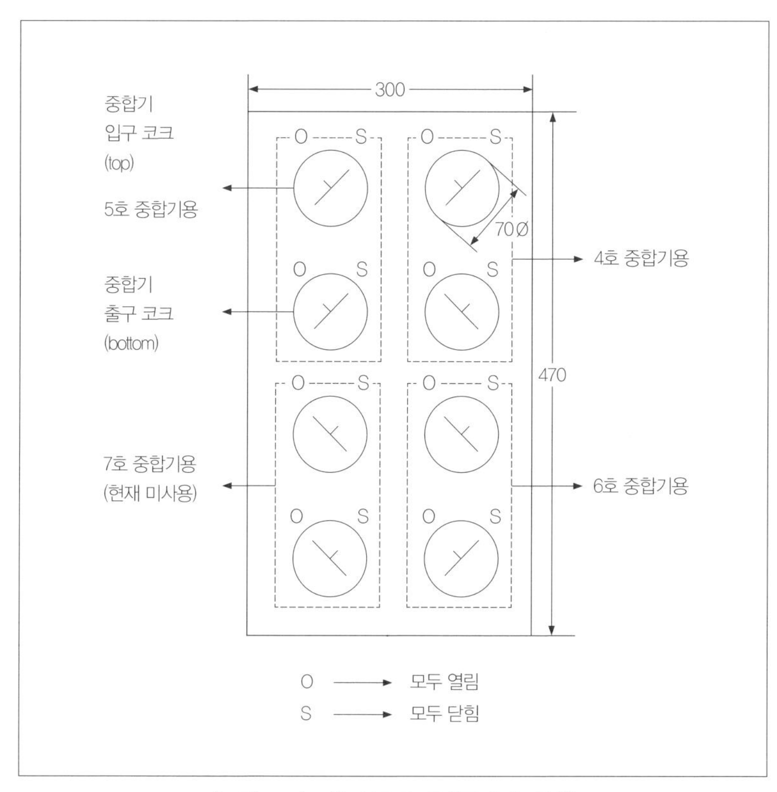

〈그림 3-3〉 현장 중간 패널(폭발 후 상태)

① 중간 패널의 코크를 보기 좋게 위아래로 겹쳐 배열했다. 이렇게 하면 작업자가 실수를 저지르기 쉽다. 현장이 정전으로 어두운 환경이 된 점 또한 '기계 설비 · 환경 요인'에 해당된다.

② 어두우면 회중전등을 사용해 주의 깊게 체크했어야 한다. 그런데도 그렇게 하지 않았다. 또 조종실 코크가 '열림'인 것을 알아차리지 못하고 방치해 둔 점 등은 '인적 요인'에 해당된다.

③ 막히는 현상이 빈번하게 일어났는데도 본질적인 보수를 하지 않았으며, 세정 작업 후의 조치도 충분하지 않았다. 이렇듯 여러 '관리 요인'이 관계하고 있었다.

이렇게 분석해 보면 인적 실수의 발생으로 인한 사고에도 '사고 발생의 3대 요인'(그림 2-5)이 관련되어 있다는 점을 이해할 수 있다. 무엇보다 인간이라는 작업자가 중요한 개재자이기 때문이다.

(2) 산업용 로봇과 관련된 사고

1981년 7월 어느 날 이른 아침, 산업용 로봇 작업 현장에서 사망 사고가 발생했다. 이곳은 자동차용 변속 기어를 연마하는 셰이빙 가공 작업장으로, 〈그림 3-4〉와 같이 네 대의 가공 기기에 기어를 공급 · 이송 · 반출하는 데 로봇을 사용했다. 이 로봇의 작업 사이클은 4호 가공기의 가공 종료 부품을 끄집어내 제품 반출 컨베이어 위에 두고, 이어서 3호 가공기의 가공 부품을 4호 가공기로 옮기는 등의 동작을 이하 1호 가공기까지 되풀이한 뒤, 마지막에 반입 컨베이어 위의 미가공품을 1호 가공기에 공급해 종료하고 다음 사이클에 대비하는 방식으로 이루어졌다.

사고 당일 오전 5시경, 작업장 밖을 지나던 작업자는 로봇 위의 붉은색 점멸등이 점등해 있고 로봇이 정지해 있는 것을 발견했다. 생산이 늦어지겠다고 판단한 작업자는 고장을 직접 바로잡기 위해 안전 로프를 타고 허둥대며 작업장 안으로 들어갔다.

산업용 로봇은 프로그램 설정에 맞춰 동작하는 설비지만, 알 수 없는 원인으로 프로그램에 에러가 나면 폭주하는 경우가 있다. 이 작업장은 그러한 위험으로부터 작업자를 보호하기 위해 〈그림 3-4〉처럼 작업자가 인터록을 벗기고 안으로 들어가면 1차 전원이 자동적으로 끊기는 시스템이 설치되어 있었다.

이 시스템 구조를 깜빡 잊은 모양인지 작업자는 〈그림 3-4〉의

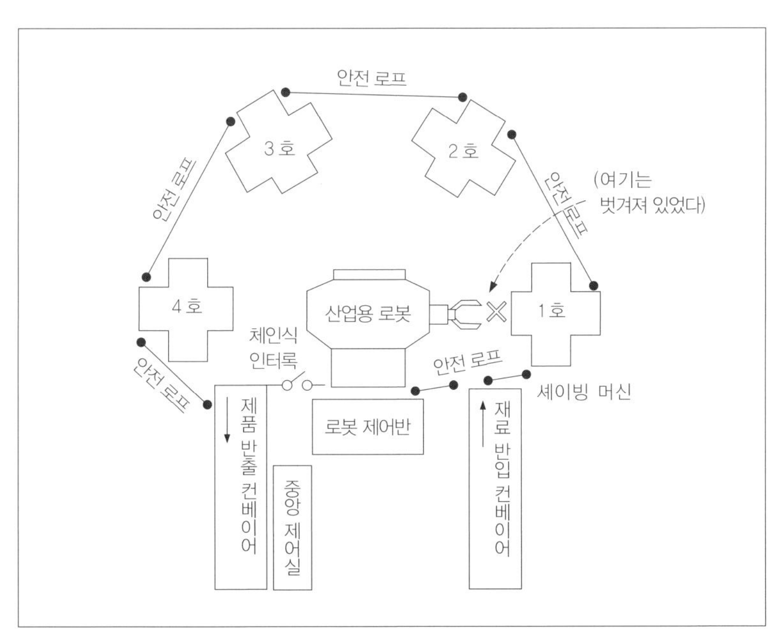

〈그림 3-4〉 로봇에 의한 사망 재해와 사고 발생 현장

안전 로프를 타고 로봇 작업장으로 들어갔다(그래서 1차 전원이 끊어지지 않았다). 1호 가공기 앞에 와서 고장의 원인을 찾던 중 가공 기기의 부품을 끄집어내는 문이 어긋나 있다는 사실을 발견했고, 그것을 수리하기 위해 1호 가공기 정면에 설치되어 있는 스위치 두 개를 양손으로 내렸다. 한쪽은 가공 기기 자체의 전기 스위치이고, 다른 쪽은 가공 기기와 로봇의 동작을 연동시키는 스위치였다. 수리를 마친 후 작업자는 확인을 위해 두 개의 스위치를 올렸다(가공 기기와 로봇이 함께 동작할 수 있는 상태였다). 눈앞에서 가공 기기의 도어가 소리도 내지 않고 부드럽게 열리는 것을 본 작업자는, 등 뒤에 있는 문이 열리고 가공 기기로부터 완성품을 끄집어 내려는 연동 로봇의 팔을 알아차리지 못했다. 작업자는 결국 로봇 팔에 등이 눌려 내장 파열로 사망했다.

이 장면에서 안전한 조작 순서는 다음과 같다.

① 인터록을 벗기고 안으로 들어간다.
② 1호 가공기 앞에 있는 두 개의 스위치를 내린다.
③ 고장난 문을 수리한다.
④ 가공기용 전기 스위치만 넣는다.
⑤ 고장이 수리된 것을 확인한 후에 로봇과의 연동 스위치를 넣는다.

⑥ 로봇 작업장에서 벗어나 인터록을 복귀시킨다.

그러나 작업자는 ①, ④, ⑤에 해당하는 인적 실수를 범했다.

인간공학적으로 말하면 로봇이 정지해 있다는 점이 작업자에게 동력원이 끊어져 있다는 착각을 불러일으켰다. 로봇의 정지는 일반적으로 ① 작업 사이클 종료에 의한 정지, ② 프로그램 지령에 의한 일시 정지, ③ 고장에 의한 정지 등이다. 그런데 작업자는 이 세 가지에 대해 착각하여 로봇의 정지 조건을 특별히 생각하지 않은 채 작업장에 들어갔다. 이 사례처럼 시스템으로 가동하고 있는 작업장에서는 시스템의 움직임이 작업자에게 보이지 않기 때문에 착오를 일으킬 가능성이 높다.

(3) 점보기 충돌 사고

1977년 3월 27일 오후 5시가 조금 지났을 무렵, 스페인의 테네리페 공항에서 보잉 747 점보기 두 대가 충돌, 583명의 사망자를 낸 역대급 비행기 사고가 발생했다.

당일은 관광지인 라스팔마스 공항으로 향하던 많은 항공기가 도중에 게릴라에 의한 공항 폭파 뉴스를 접한 뒤 부득이 가장 가까운 테네리페 공항에 착륙해 대기하고 있었다. 저녁 무렵 라스팔마스 공항으로의 비행이 허가되자 KLM기(네덜란드 항공)와 PAA기(팬암 항공) 순으로 이륙하게 되었다.

〈그림 3-5〉처럼 주기장(駐機場)은 대기 중인 항공기로 가득 차 있었다. 관제사는 바람직하지 않았으나 KLM기에 활주로를 역방향으로 지상 주행해 활주로 끝에 대기하도록 했고, 이어서 2번기인 PAA기에는 C-3에서 유도로로 빠져 KLM기의 이륙을 위해 활주로를 비워 두도록 지시했다.

하지만 PAA기의 기장은 유도로로 빠지려면 C-3에서 선회하지 않으면 안 되는데, 이 선회가 점보기에는 성가시다고 판단해 부기장과 의논 후 C-4에서 유도로로 빠지기로 결정했다. 그러나 그 변경을 관제사에게 알리지 않았다. 또 당시에는 시계 500미터라는 짙은 안개 때문에 관제탑에서는 PAA기가 보이지 않았다.

PAA기가 관제사의 지시를 무시하고 C-4로 향하고 있다는 사실

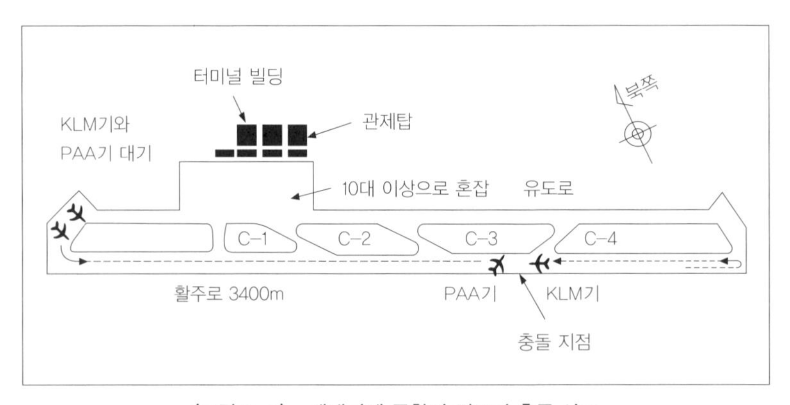

〈그림 3-5〉 테네리페 공항의 점보기 충돌 사고

을 알지 못한 KLM기는, 다시 관제사에게 PAA기의 위치를 물었다. 이때 관제사가 "대기……"라고 말했는데 직후에 통신에 잡음이 섞였다. 그 바람에 KLM기의 기장은 그 말을 "대기 해제"로 들었다. KLM기 기장은 1킬로미터 정도 주행했을 무렵에 활주로 위를 이동 중이던 PAA기를 발견했고, 충돌을 피하려고 조종간을 앞으로 당겨 이륙하고자 했다. 그러나 양력이 부족했기 때문에 KLM기가 PAA기 위에 얹히듯 충돌해 버렸다.

이 대참사의 배경을 정리해 보면 다음과 같다.

① 많은 항공기가 라스팔마스로 향하는 도중에 오도 가도 못하게 되어 사고를 일으키게 된 항공기들의 기장들도 안절부절못하고 있었다.

② 주기장이 가득 찼기 때문에 관제사는 KLM기를 활주로 주행 방향의 역방향으로 주행시킬 수밖에 없었다.

③ PAA기가 관제사의 지시를 무시했다.

④ 짙은 안개로 인해 관제사가 PAA기의 위치를 확인하지 못했다.

⑤ 통신에 섞인 잡음이 안절부절못하던 KLM기 기장의 실수를 유도했다.

49페이지의 〈그림 2-5〉로 살펴보면 ②, ④, ⑤가 환경 요인, ①,

③이 인적 요인, ②, ③이 관리 요인이라 할 수 있다. 이들은 보다시피 같은 요인이 중첩되어 분류된다. 이처럼 인적 실수는 단일 요소로 발생하는 일은 드물고, 현실적으로는 많은 요인이 관련되어 있는 경우가 대부분이다.

세계에서 가장 안전한 항공사라는 높은 평판을 듣던 네덜란드 항공사 사장은 원인을 조속히 조사하기 위해 사내에서 가장 베테랑인 기장을 우두머리로 하는 조사단을 편성하기로 했다. 이를 위해 그의 소재를 수소문했는데, 알고 보니 사고 항공기의 조종간을 잡고 있었던 사람이 바로 그 기장이었다고 한다.

이 사례에서 보듯이 아무리 침착하고 기량이 높다는 평판을 듣는 사람이라도 특정 상황에 놓이면 인적 실수의 당사자가 되기도 한다.

(4) 최신 항공기의 부조화

1999년 4월 27일 오후 8시 15분, 일본 나고야 공항에 도착하려던 중화항공의 에어버스 A600-400이 추락해 승무원을 포함한 263명이 사망했다. 일본 운수성 항공사고조사위원회의 보고 내용은 〈그림 3-6〉과 같다. 사고 당시에는 부기장이 조종하고 있었으나, 그 사실 자체가 문제는 아니었다. 추락까지의 경과를 기록한 위원회 보고를 따라가 보도록 하자.

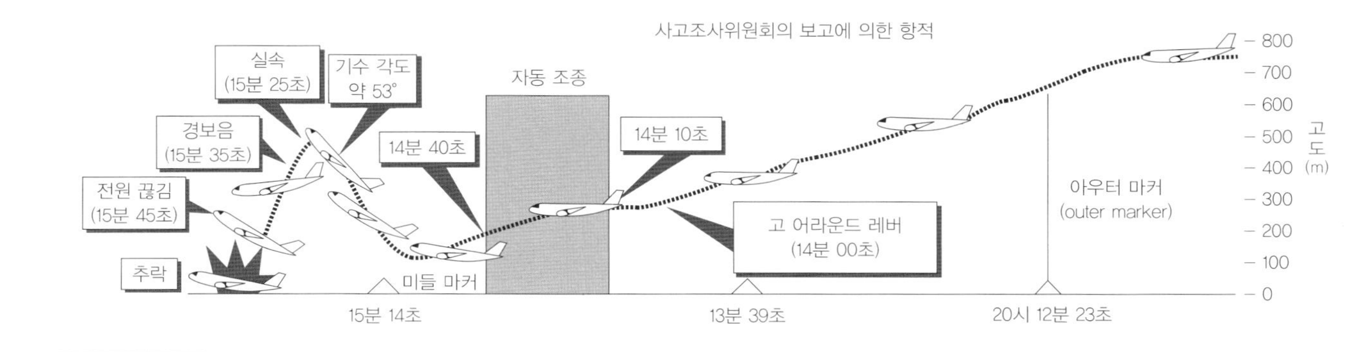

보이스 리코더 기록

불명	나고야 항공 관제사. 여기는 중화항공기 140편 아우터 마커 통신이다.
기장	이봐, 고(高) 레버를 넣고 있어.
불명	너무 올라간다. 너무 올라가.
기장	이봐, 고 어라운드 모드로 당겨.
부기장	아직 누르지 않았어요.
기장	좋아, 안정시켜.
기장	오케이, 내가 조종하지.
부기장	해제, 해제.
기장	훌륭하군.
부기장	해제.
기장	고(高) 레버.
기장	빌어먹을, 어떻게 된 거야.
부기장	나고야 공항 관제탑. 중화항공기 고 어라운드.
기장	이러면 실속(비행기가 비행할 수 있는 속도를 잃어버리는 현상)하잖아.
기장	끝이다, 끝이야.
부기장	파워, 파워.
기장	끝이다.

〈그림 3-6〉 중화항공기의 사고

착륙 자세에 들어가기 위해 기장은 조종간을 잡고 있는 부기장에게 기수를 내리라는 주의를 주었다. 그런데 조종 장치에 어떤 오작동이 있어서 착륙을 수정하는 것을 의미하는 '고 어라운드(복항)'에 레버가 들어가 있었으므로 해당 프로그램의 기능이 작용해 기수가 내려가지 않았다. 부기장은 조종 장치 조작과 관계없다고 생각하고 조종간을 더욱 세게 눌렀다. 이 조작에 반응해 조종 장치의 인공지능 프로그램은 '복항 프로그램'을 실행하기 위해 엔진을 모두 열고 기수를 올리는 동작을 강화하려 했다. 결국 부기장의 동작과 컴퓨터 조작이 서로 어긋나면서 기수가 그림처럼 과도하게 올라가고, 엔진이 과열 · 폭발해 뒷부분부터 추락해 버렸다.

이 항공기 사고의 직접 원인은 항공기 운항을 제어하고 있는 컴퓨터가 '복항 프로그램'으로 들어가 있었는데도 부기장이 그 순서에 반해 착륙을 강행하려 한 데 있다. 부기장은 수동 조종이 인공지능 프로그램 순서에 의한 조종에 우선한다고 생각했거나, 혹은 자신의 의지대로 항공기가 움직이지 않는 데 흥분한 나머지 인공지능 프로그램의 존재를 잊어 버렸을 것이다.

여기서 가장 중요한 문제는 조종을 제어하는 주체를 조종사와 컴퓨터 중 어디에 두느냐는 설계 사상(思想)과 관련이 있다는 사실이다. 이 항공기를 설계한 에어버스 사의 기술자는 긴급 상황에서는 인간의 판단이 따라가지 못하는 것을 전제로 삼고 컴퓨터의 인공지능 프로그램에 제어를 전면적으로 맡기는 편이 안전하다고 생각한다. 미국의 보잉 사는 긴급 상황에서는 오히려 인간에게 판단을 맡겨야 한다는 신념을 가지고 있다. 이에 따라 조종간을 약간 쓰러뜨리면 인공지능 프로그램이 자동적으로 끊어지고 수동으로 조종할 수 있도록 비행기를 제작한다. 인간공학적으로 적절한 것은 보잉 사다.

에어버스 사의 A600-400기는 최첨단 기술이 적용된 항공기다. 이 항공기는 조종실의 중앙에 있는 컴퓨터 콘솔에 제어 기능을 집중하고 조종사에게는 필요한 정보만을 제시한다는 미래의 컴퓨터 제어 방향을 보여 주는 설계로 만들어졌다. 따라서 이 항공기 사고는 앞으로의 장치 산업 등의 기술 개발 방향에 관한 시사점을 주는 교훈적인 사고라고 할 수 있다. 예컨대 인간이 작동할 경우에는 제어 메커니즘 블랙박스의 몸체가 보이도록 해 두지 않으면 안 된다. 그리고 인공지능 프로그램은 인간보다 우선하는 것이 아니라, 인간의 판단과 제어 동작을 지원하는 입장에 놓여야 한다.

설계 사상에 근거하는 시스템 오류도 인적 실수에 포함되어야 한다. 이런 의미에서 전술한 3대 요인을 인적 실수의 방아쇠가 되는 '행동의 형성 요인(Performance Shaping Factor, PSF)'이라고 명명할 수 있다. PSF가 유발되는 요인으로는 다음 페이지의 〈그림 3-7〉처럼 세 가지가 있다.

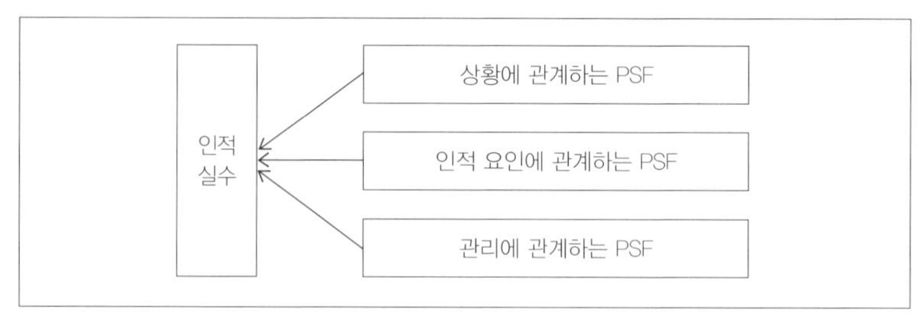

〈그림 3-7〉 인적 실수와 세 가지 PSF의 관계

① 인적 실수를 유발하는 상황 요인

② 인적 실수의 직접적인 방아쇠가 되는 인적 요인

③ 인적 실수 발생의 조건에 가담하는 관리 요인

앨런 D. 스웨인은 인적 에러를 다음과 같이 분류한다.

① 필요한 행동을 하지 않음(omission error)

② 행동했으나 그 행동이 잘못됨(commission error)

③ 해서는 안 되는 불필요한 행동을 함(extraneous act)

④ 행동 순서를 혼동함(sequential error)

⑤ 일정 시간에 필요한 행동을 하지 않음(time error)

테네리페 공항의 사고는 KLM기가 ① '관제사에게 재확인하지 않음'과 ③ '발진하지 않음'을, 또 PAA기가 ⑤ '지시 무시'에 의한 실수를 저지른 것과 관련이 있다고 할 수 있다.

2. 인적 실수의 단계 이론

일본 니혼 대학교의 고(故) 하시모토 구니에 교수는 대뇌생리학 입장에서 인간의 의식 수준을 다음과 같이 다섯 단계로 분류하면서 인적 실수 발생과의 관련성을 제창했다(표 3-1).

0단계

의식을 잃었거나 잠자고 있어 반응할 수 없는 상태를 말한다. 이 단계에서 작업자는 아무런 반응을 할 수 없는 상태에 있다. 그러므로 인적 실수의 발생에 관해서는 신뢰성이 전혀 없다. 물론 작업자에게 수면이 허락되어 있는 상황에서는 인적 실수 발생이 아무 관계가 없다.

1단계

피로가 심하거나 단조로운 작업으로 의식이 흐린 상태이며, 부주

단계	뇌파 패턴	의식 상태	주의 수준	생리적인 상태	실수 잠재성
0	델타파	무의식, 실신	없음	실신, 수면	–
1	세타파	희미한 의식	부주의	피로, 단조로움, 졸음, 술에 취함	+++
2	알파파	정상, 릴랙스	약간 부주의	소극적인 활동, 희미함, 멍청함	+~++
3	베타파		주의 집중	적극적인 활동	최소
4	–		한곳에 주의 집중	감정 흥분, 패닉 상태	최대

〈표 3-1〉 하시모토의 단계 이론과 실수 잠재성

의해지기 쉬운 상태다. 후에 언급하겠지만 뇌파로는 세타(θ)파에 상당하는 수준으로, 주의력이 떨어져 눈앞의 신호를 알아차리지 못하거나, 약간 무책임한 동작을 하거나, 작업 순서를 생략할 수 있으므로 실수 잠재성(error potential)이 매우 높다고 할 수 있다.

2단계

익숙하고 정상적인 작업을 하고 있을 때의 의식 상태다. 여러 가지 궁리를 하기는 하나 다소 멍한 상태이며, 주의력과 사고력이 그리 높지 않고 의식 역시 활발하지 않다. 멍청한 듯 보이거나 정신이 나가 있는 듯해 실수를 저지르기 쉬운 단계다.

뇌에서는 알파(α)파가 때때로 나타나는 상태를 가리키며, 실수 잠재성은 약간 높은 상황이라고 할 수 있다.

3단계

주의력이 적당히 높고 명쾌한 의식 상태다. 대뇌가 활발하게 작용해 행동을 적극적으로 전개하는 상태를 가리킨다. 이 상태의 뇌파는 베타(β)파 수준에 있으며, 실수 잠재성은 매우 낮다고 할 수 있다.

4단계

의식이 최고조로 긴장되어 있거나 흥분된 상태에 해당하며, 주의가 한곳에 집중되어 주변 상황에 관심이 없다. 실수 잠재성은 극도로 높다고 할 수 있다.

단계 이론은 대뇌 수준의 상황에 근거한 모델이므로 다음 페이지의 〈그림 3-8〉의 뇌파와 대응해 이해해야 한다.

'뇌파'는 대뇌가 활동할 때 발생하는 활동 전위(action potential)가 두피 위에서 나타나는 파동으로 〈그림 3-8〉처럼 구분된다.

대뇌가 가장 활성화되고 행동이나 판단력이 충분히 갖춰져 있는 수준을 '베타파'라고 한다. 이는 빠르고 규칙적으로 나타나는 작은 파(14~30헤르츠)로서, 적당히 긴장하고 적절한 행동을 일으키는 일반적인 상태일 때의 뇌파다. 표본 모델에서는 3단계 상태에 해당하며, 이 수준에서는 인적 실수가 전혀 발생하지 않는다.

일반적인 베타파 중에 간혹 주파수가 약간 낮은 뇌파가 발현하는데, 이것을 '알파파'라고 한다. 주파수는 8~13헤르츠다. 이 알파파는 대뇌가 활성화되어 있음을 보여 주는 베타파 막간의, 주의력이 저하하거나 흐릿할 때 나타난다. 또한 82페이지의 〈표 3-1〉에서 기술한 2단계에 해당하기 때문에 인적 실수가 발생하기 쉬운 대뇌 수준이다.

이밖에도 〈그림 3-8〉에는 졸립기 시작할 때 생기는 '세타(θ)파', 잠자고 있을 때 나타나는 '방추파', 숙면 때의 '델타(δ)파'도 나타나 있다. 이 중에서도 세타파는 단조롭거나 졸음이 오는 상황 등에서 나타나며, 1단계의 특징을 가지고 있으므로 실수 잠재성이 매우 높다고 할 수 있다.

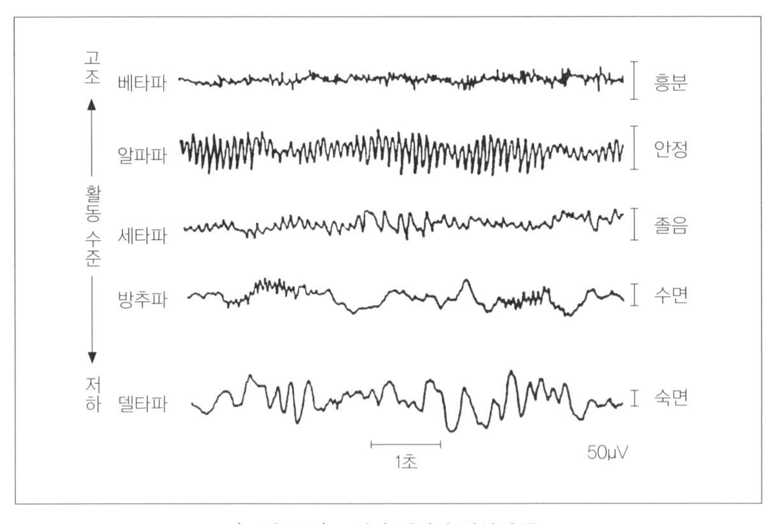

〈그림 3-8〉 뇌파 패턴과 의식 수준

4단계는 앞에 기술한 것처럼 패닉 상태와 같은 흥분된 정서를 말한다. 대뇌에 관해서는 특정 패턴이 없다.

하시모토 교수의 단계 이론으로 미루어 보면 3단계가 가장 안전해 인적 실수 발생 가능성이 가장 낮은 수준이라고 할 수 있다(뇌파는 베타파이다). 2단계가 되면 작업 중에 멍해지는 등 의식 변화가 생겨 인적 실수가 발생할 가능성이 높다(뇌파에서는 알파파가 간혹 나타난다). 1단계는 좀 더 위험하며, 뇌파는 세타파가 되고 의욕이 없어지거나 잠에 빠지는 등 인적 실수 발생 가능성이 대단히 높다. 4단계는 특정한 원인으로 흥분하는 심리적 상태를 의미하며, 무엇을 저지르고 있는지 모르는 상태이므로 인적 실수 발생 가능성이 매우 높다.

3. 단계 이론 검증

하시모토 교수의 단계 이론을 완전히 검증한 연구는 없지만, 필자의 데이터로 이 모델을 설명할 수 있다.

(1) 무사고 운전사와 사고 다발 운전사 비교

어느 택시 회사의 협력을 받아 10년간 무사고인 우수 운전사와 해마다 4~5회 이상 교통사고를 일으키는 사고 다발 운전사를 각각 10명씩 연구실에 부른 뒤, 간단한 덧셈을 할 때의 뇌파를 측정했다.

이 실험 중에 우수 운전사는 덧셈 도중의 뇌파가 종료할 때까지 베타파였다. 그러나 사고 다발 그룹에서는 전원의 뇌파에서 베타파 가운데 아주 일시적으로 알파파가 나타났다. 알파파가 나타난 시간은 10~20초 정도로 그다지 길지 않았다.

대뇌 생리학 입장에서 이 결과를 보면 사고 다발 운전사는 긴장한 상태로 운전하고 있는 듯 보여도, 의식의 긴장이 떨어지는 순간이 있어 그 순간에 멍한 상태로 운전한다는 것을 알 수 있다. 따라서 그 상태에서 운전하면 추돌을 비롯한 사고가 발생하기 쉽다는 것이다.

알파파의 출현은 대뇌가 약간 쉬고 있는 상태를 나타낸다. 그러므로 알파파의 출현을 방지하려면 알파파가 출현하는 시점에 의식을 긴장시켜야 한다. 하지만 알파파의 출현 시기를 스스로 예측할 수는 없다. 따라서 교차로에서 우회전 및 좌회전을 할 때나 전방의 버스 정지 순간 등 '위험 영역'에 들어갈 때 손가락질을 하면서 말을 하는 등의 행동을 하면 의식이 뚜렷해져 알파파의 출현을 방지할 수 있다. 이것이 단계 이론의 2단계 설명과 그 대책이다.

(2) 흥분할 때의 생리 및 심리

흥분

필자는 연구 도중 4단계에 관한 두 가지 체험을 했다.

그중 하나는 발전소에서 일하는 기사를 대상으로 교대 제도의 생리적 · 심리적 부담 정도를 연구했을 때의 일이다. 조사 중에 대형은 아니지만 중간급 크기의 태풍이 상륙하면서 그 태풍의 눈이 해당 발전소 바로 위를 통과했다. 이때 기사의 왼쪽 가슴에 전극을 두 개 붙이고 심전도를 FM 방식으로 측정했다. 태풍의 눈이 통과한 직후에 큰 폭풍이 일어 발전소 내의 변전소에서 트립(trip) 사고가 일어났다. 전극을 붙이고 있던 기사 중 한 명이 흥분해 스위치를 만지작거렸다. 다른 기사가 "뭐 하는 거야? 미쳤어?"라고 말하면서 스위치를 정상 위치로 돌렸다.

마침 생리적 · 심리적 부담감 조사를 위해 몇 가지 측정을 하고 있었는데, 그중 심박수 측정 과정에서 매우 흥미로운 데이터를 얻었다. 이때 측정한 심박수 그래프가 〈그림 3-9〉다. 정상 상태에서의 심박수(통상 1분당 60~80회 정도)를 100퍼센트라고 하면, 트립 사고 발생 직후의 심박수 비율은 164퍼센트 정도까지 순식간에 상승한다. 이 흥분 상태가 평소대로 돌아가는 데 5분이 넘는 시간이 걸렸다.

심박수 비율이 64퍼센트나 상승하는 생리적 상태는 울컥하고 흥분해 있으며, 동시에 자신이 무엇을 하고 있는지 혹은 무엇을 해야 하는지 판별이 어려운 상태다. 예컨대 무슨 일이 생기면 가장 중요한 것을 가지고 나가야겠다고 마음을 단단히 먹고 있어도, 일단 화재가 발생하면 중요한 예금 통장이 아니라 베개를 안고 나오는 상태라 할 수 있다.

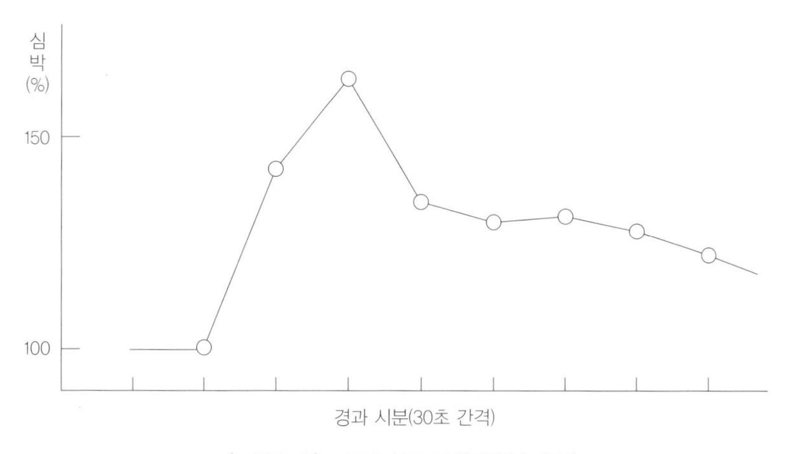

〈그림 3-9〉 트립 사고 때의 심박수 증대

긴장

또 한 가지 사례는 자동차를 운전할 때의 흥분 상태다. 직선 도로에서 다른 차를 추월할 때의 심리 상태에 대해 인간공학적 실험을 실시했다.

이 실험에서는 세 대의 실험 차량을 준비해 다음 페이지의 〈그림 3-10〉과 같이 B차의 실험자와 C차 보조자끼리 서로 경쟁시켰다. 즉, B차와 C차의 속도와 차량의 차간 거리를 계획대로 설정함으로써 '쉽게 추월'하는 것과 '어렵게 추월'하는 상황을 의도적으로 만들었다. A차에 피실험자가 타고 B차의 신호와 함께 A차가 B차를 추월하지만, 위험한 상태에서는 반드시 추월을 중지하도록 설명했다. 이 피실험자(A차)의 운전 중 GSR(전기 피부 반응, 흔히 말하는 거짓말탐지기로 측정하는 긴장파)를 측정했다. 측정한 GSR의 전형적인 결과가 〈그림 3-10〉에 나타나 있다. GSR 왼쪽에 보이는 파형은 '쉬운 추월'의 경우로, 긴장 정도가 낮고 추월 신호를 받았을 때와, C차와 멀어졌다 가까워졌다 할 때 약간의 긴장이 나타나는 정도다. 그런데 오른쪽 파형의 '곤란한 추월'에서는 쉬운 추월에서 보인 두 가지 작은 마루를 가진 파형과 달리 긴장할 때의 파가 사다리꼴로 나타난다. 이것은 추월 신호를 받고 나서 추월이 끝나기까지 A차 운전사가 심하게 흥분한 상태였음을 뜻한다.

실험이 끝났을 때 "왜 이런 위험한 경우에 추월을 중지하지 않았

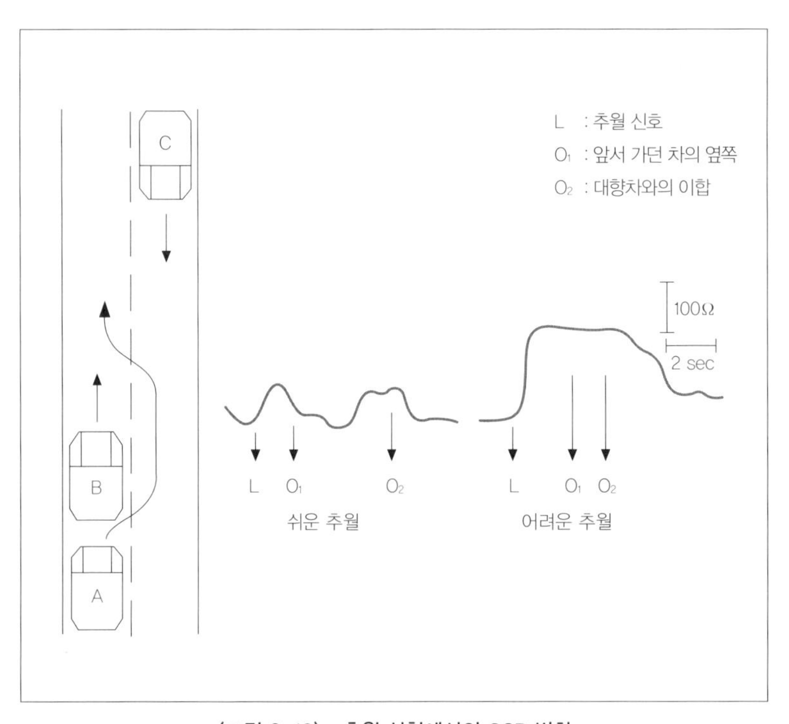

〈그림 3-10〉 추월 실험에서의 GSR 변화

는가?" 하고 묻자, 이 피실험자는 곤란한 경우에 추월 신호를 받으면 "너무 흥분한 나머지 추월 이외의 것은 머리에 떠오르지 않았다."라고 대답했다. 이런 반응을 '한 점 집중'이나 '의식의 고착'이라고 한다. 즉, 몇 가지 판단으로부터 최적의 행동을 선택하는 일이 불가능한 상태, 한 가지만을 응시한 채 그것을 수행하는 것 외에는 아무 생각도 하지 못하는 상태를 뜻한다. 흥분해서 위험한 경우에 뛰어드는 바람에 결과적으로 사망에 이르기도 하는 4단계가 여기에 해당하는데, 인적 실수가 발생할 가능성이 가장 높고 위험한 상태를 가리킨다.

4. 인적 실수 방지 대책

그렇다면 인적 실수가 발생하는 것을 방지하려면 어떻게 해야 할까? 이 장의 시작 부분에서 인적 실수란 '어떤 경우에 요구된 행동이 그 요구 수준으로부터 벗어나고 있는 것'이라고 정의했다. 이것은 사고의 정의와 같다. 인적 실수 발생이 사고로 이어지기도 하고, 사고에 이르지 않는 경우도 있다. 예를 들면 테이블 위의 컵을 쥐려고 손을 뻗었는데 컵을 넘어뜨린 경우가 그렇다. 두 경우 모두 발생 메커니즘은 유사하므로 80페이지의 〈그림 3-7〉에 바탕을 두고 인적 실수 방지 대책을 알아보자.

(1) 상황과 관련된 PSF 해결

〈그림 3-7〉은 인적 실수라는 행위의 '행동 형식'에 세 가지 요인이 있음을 보여 준다. 그중 하나인 '상황과 관련된 PSF'는 어떤 행

동을 취하려 할 때 인적 실수를 일으키는 요인(PSF)이 존재하며, 그것이 인적 실수 발생의 방아쇠 작용을 한다는 의미다.

예컨대 앞서 소개한 인적 실수의 첫번째 사례에서는 정전으로 어두운 상황에서 중간 패널 위의 코크를 잘못 조작했는데, 4호 중합기와 6호 중합기의 코크가 정연하게 세로로 나열되어 있었던 것이 실수로 이어진 경우를 설명했다. 이 사례에서처럼 장치 공장에서는 밸브나 조절기 등을 정연하게 나열한 설비를 쉽게 발견할 수 있다. 나중에 언급할 인간의 인지 기능 제약 원리에 따르면 무언가가 정연하게 나열되어 있으면, 그것을 사람이 식별하는 데 곤란할 수 있다. 이 사례처럼 4호, 5호, 6호, 7호 등 각 중합기의 코크가 가로 2개, 세로 2개씩 빽빽하게 채워져 있으면 판별하기가 더욱 어렵다. 나란히 해 두어야 한다면 코크를 둘씩 세트로 해서 오른쪽이나 왼쪽에서 식별하도록 나누어 놓아 판단하기 쉽게 해야 한다.

기사의 판단 착오가 원인이 된 사고와 그 대책 사례를 또 하나 소개한다. 컬러 페인트를 제조하는 공장에서 기사가 여섯 대의 탱크 가운데 오른쪽에서 두 번째 탱크의 용제를 제품 탱크로 옮겨 놓으려고 했다. 그때 기사가 "오른쪽에서 두 번째"라고 웅얼거리면서 왼쪽에서 첫 번째 탱크 곁에 있는 계단을 이용해 중간층으로부터 지상에 올라왔다. 그런데 기사는 '왼쪽에서 두 번째' 밸브를 열어 회사에 큰 손해를 끼쳤다. 같은 모습의 탱크가 나열되어 있으면 이런 잘못을 저지르기 쉽다. 이 사고가 난 후 회사는 여섯 대의 탱크를 각각 다른 색으로 칠했다. 이후 이런 종류의 실수는 발생하지 않았다.

이러한 사례로 알 수 있듯이 위치와 색깔 같은 다중 감각계(multi-modality)를 이용하면 실수를 줄일 수 있다. 첫 번째 사례에서 제안한 두 개 세트 대책으로도 착오가 생길 수 있다. 그러므로 색으로 구분하거나 크기를 바꾸면 인간의 식별 능력을 향상시킬 수 있다.

상황에 관계하는 PSF에는 ① 유사 형상, ② 동일한 크기, ③ 나열되어 있는 수, ④ 인간의 습관(population stereotype), ⑤ 설비의 위치(높은 곳), ⑥ 낮은 조명도, ⑦ 조절기의 특성 등이 있다. ⑦의 실례로서 국화 모양 스위치에서 네 개의 시퀀스를 조작했을 때 A · B · C · D 순으로 계통을 바꾸지 않으면 안 되는 스위치를 한 번에 A에서 D로 움직이는 바람에 시스템 에러가 일어난 사고가 있다(그림 3-11).

국화 모양 스위치는 원래 스위치가 어느 방향으로 향하고 있는지를 그 표면에 붙어 있는 흰색 슬롯으로 나타내는데, 손으로 그것이 가려지면 방향을 식별할 수 없다는 결점이 있다. 또 스위치를 계속 움직이는 상황에서는 포인터가 가리키는 방향을 알 수 없다는 결점도 있다.

따라서 국화 모양 스위치를 그림과 같이 깎아 손에 닿는 감촉으로 포인터가 가리키는 방향을 알 수 있도록 개선했다. 인간공학적 실험에서 5개소로 바꾸는 과제에 적용해 요구된 방향으로 바꾸는 속도를 측정해 보니, 감촉으로도 방향을 알 수 있도록 개선된 형태가 가장 짧은 반응 시간을 보였다.

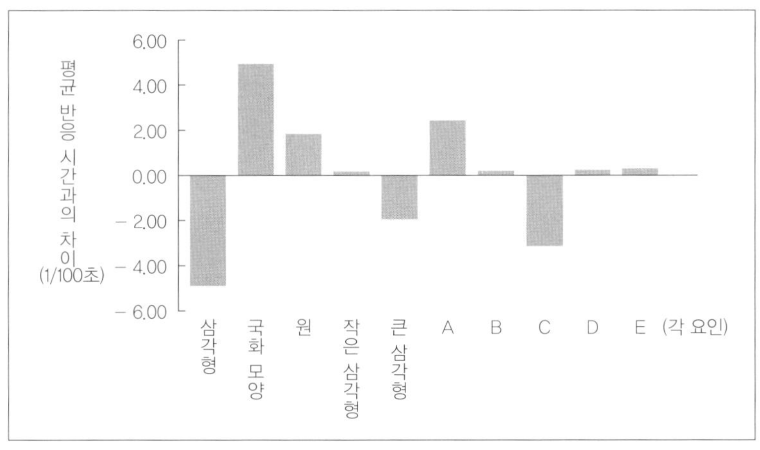

〈그림 3-11〉 각 요인에서의 반응 시간과 평균 시간의 차이

(2) 인적 요인과 관련된 PSF 해결

인간이 가진 PSF를 줄이는 것과 관련하여 우선 설계자의 문제가 있다. 설비의 설계 사상이 부적절해 인적 실수가 발생한 예는 앞서 언급했다. 따라서 설비 설계자에게는 뒤에 등장하는 내용인 인간 특성에 대해 충분한 이해를 시켜야 한다. 이를 통해 좋은 설계란 '판단하기 쉽고 사용하기 쉬운 것'이라는 점을 작동자에게 확실히 알려 줄 필요가 있다.

다음으로는 작동자에게 시스템이 어떻게 되어 있는지를 이해시키는 문제가 있다. 최근 시스템이 대형화 · 대규모화되면서 한 차례의 훈련만으로 모든 것을 이해시키기가 불가능해졌다. 시뮬레이터를 이용해 다양한 긴급 상황을 가상적으로 체험시키는 방식이 갈수록 중시될 것이다.

또 많은 기업에서는 기존의 설비를 그대로 둔 채 새로운 설비를 증설하거나 구조를 변경하고 있다. 이 경우 사용을 중지한 이전 설비를 무심코 연결해 실수가 일어나기도 한다. 사용하지 않는 설비 등은 가능한 한 빨리 철거하는 것이 바람직하다.

(3) 관리와 관련된 PSF 해결

사람이 쉽게 사용할 수 있는 점을 중시한 설비 계획인지 아닌지는 그 기업의 관리와 관련된 문제다. '이 정도면 충분하다'거나 '훈련하면 이해할 수 있다'고 여기는 것, 혹은 '주의를 하면 가능하리라' 생각하는 것은 인적 실수를 방지하는 안전 관리와 전혀 무관하다.

인적 실수는 언제 어디서나 일어날 가능성이 있으나 사용하기 쉬운 설비, 이해하기 쉬운 시스템, 익히기 쉬운 훈련을 채택하면 어느 정도는 방지할 수 있다. 사회가 발전할수록 설비는 복잡해지고 규모는 커져 시스템을 파악하기 어려워진다. 따라서 인적 실수가 일어나지 않도록 노력하려는 의지를 갖는 것이 경영자에게 한층 요구되고 있다.

제4장

인간의 생리 및 심리

1. 주의와 부주의

앞서 말했듯 재해와 사고는 설비 · 환경 요인, 관리 요인, 인적 요인 등 3대 요인이 연관되어 일어난다. 이 세 가지 요인들은 모두 인적 요인과 관련이 있다. 예컨대 회전하고 있는 모터에 손을 내밀어 부상을 입는 경우를 보자. 이는 모터에 위험 요인이 있음을 알고 있으면서도 모터 속도가 느려지면 "됐어!" 하고 일찍 손을 내미는 심리가 작업자에게 생기기 때문이다. 또 안전 의식이 낮은 관리 · 감독자는 작업자가 주의하면 인적 실수는 일어나지 않는다고 착각한다. 모두 인간의 특성에 관한 이해가 부족해 생기는 일이다. 따라서 여기서는 안전의 관점에서 인간의 특성을 설명한다.

(1) 주의와 부주의의 리듬

사고나 인적 실수가 발생하면 "부주의해서 사고가 일어났다. 좀 더 주의하자"라는 말을 한다. 그렇다면 부주의하지 않으면 사고는 일어나지 않을까? 또 지속적으로 주의한다는 것이 가능할까?

〈그림 4-1〉은 심리학에서 자주 이용되는 착시도(반전 도형)다. 이 그림에는 두 명의 여성이 그려져 있다. 한 여자는 노인이며, 또 한 여자는 젊은 귀부인이다. 한 명은 코가 크고 턱이 뾰족하며 얇은 입술을 살짝 벌리고 있고 머리에 스카프를 둘렀으며 고개를 약간 숙인 노인으로 보인다. 또 한 명은 얼굴을 옆으로 돌리고 왼쪽 귀와 빰을 보이면서 기다란 속눈썹과 코를 약간 드러내고 있는 젊은 귀부인이다.

〈그림 4-1〉 두 명의 여성이 숨어 있는 반전 도형

이 그림을 사용해 인간의 주의력을 관찰해 보자. 직장의 벽에 걸어 두고 두 여성을 판별할 수 있을 때까지 모두에게 설명한다. 모두가 이 그림을 식별할 수 있게 되면 벽에서 그림을 내린다. 그리고 "두 여성 그림 가운데 하나를 골라 그 여성 그림만을 계속 보려고 노력해 보십시오. 다른 여성이 보일 때는 손을 드세요."라고 설명하고, '준비, 시작' 신호 후 벽에 그림을 건다. 그리고 시간을 측정한다. 5초가 지나기 전에 손을 드는 작업자가 나오고, 15~20초 만에 모두 손을 든다.

이 그림은 반전 도형이므로 누가 봐도 수초마다 두 명의 여성이 교대로 보인다. 〈그림 4-2〉와 같이 말이다. 가령 노파를 주의, 귀부인을 부주의라고 생각하면 이 실험으로 이처럼 짧은 시간 내에 주의와 부주의가 교대로 바뀌는 것을 알 수 있다.

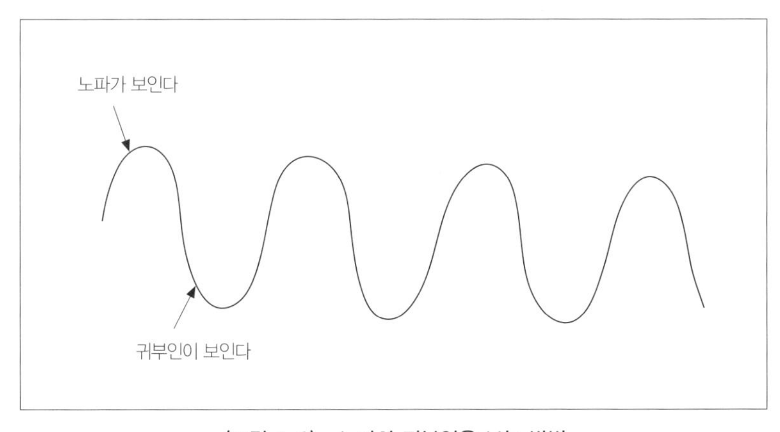

〈그림 4-2〉 노파와 귀부인을 보는 방법

일반적으로는 주의와 부주의가 이처럼 빠르고 짧은 간격으로 빈번하게 바뀌지 않는다. 예를 들어 어느 작업자는 작업장에 들어가서 전날 본 텔레비전 드라마를 떠올리거나, 담배를 피우고 싶다고 생각하거나, 소리 나는 방향으로 눈을 돌리거나 하는 등 여러 가지 이유로 부주의해진다. 이러한 유형을 〈그림 4-3〉처럼 나타낼 수 있다. 이 그림에서는 평평하게 솟아 있는 부분이 주의, 골 부분이 부주의다. 그러나 〈그림 4-2〉의 반전 도형 경우와는 달리 〈그림 4-3〉의 주의 시간은 꽤 길다. 작업 중에는 주의가 약 5~10분간 지속된다. 물론 한 시간 정도 계속되진 않는다.

인간의 주의력을 좀 더 조사해 보자. 학생에게 특정 점수 이상이 되면 상금을 준다는 약속을 하고서 매우 재미있다고 소문난 컴퓨터 게임을 하게 했다. 게임을 하는 동안 피실험자의 뇌파를 측정

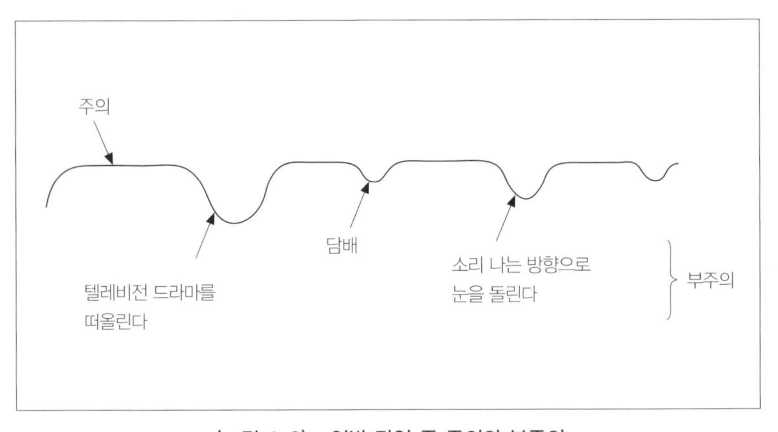

〈그림 4-3〉 일반 작업 중 주의와 부주의

했다. 게임에 열중하고 있으면 베타파가 나타나지만, 부주의해지면 알파파로 변한다(뇌파에 관해서는 제3장 2절을 참고하라). 전원이 개시와 동시에 게임에 열중했으나 20~30분 경과하자 알파파가 짧게 나타났다. 이것은 게임과 같은 놀이에서도 20~30분 정도밖에 주의가 지속되지 않는다는 사실을 알려 준다. 즉, 대뇌는 반드시 휴식을 필요로 한다는 것이다.

이로써 '주의하자'라고 지시하는 것만으로는 한계가 있음을 알 수 있다. 하지만 대뇌의 요구대로 휴식하는 것이 곤란한 경우도 있다. 또 주의가 필요할 때 의도적으로 주의 상태를 유지하는 일이 아주 불가능하지 않다. 말하자면 다음과 같은 방법으로 곤란할 때 부주의를 쫓을 수 있다.

일에 의욕을 갖는다

일할 의욕이 없을 때, 일이 재미없다고 느낄 때, 회사에 불만이 있을 때 부주의가 빈번하게 나타난다. 누구나 한 번쯤은 이런 경험이 있겠지만, 정도의 차이는 있게 마련이다.

이 경우 근본적으로 치료하기가 쉽지 않지만, 그래도 한 가지 방법을 꼽자면 '일하면서 재미있게 느끼는 일을 한 가지 정도 발견하는 것'이다. 이렇게 하면 그 한 가지 일을 마칠 때까지는 주의가 지속된다.

손가락질과 말로 확인한다

인간의 주의와 부주의는 짧은 시간에 교대하지만, 부주의 때마다 사고가 일어나는 것은 아니다. 만약 그렇다면 누구나 매일 수차례 사고를 일으킬 것이다. 사고는 주위에 위험 요인이 있고, 작업자가 부주의로 그 위험 요인과 접했을 때 일어난다. 따라서 주위의 위험 요인을 발견하고 그것을 피해 작업하면 문제없다.

위험 요인을 발견하는 가장 좋은 방법은 손가락질과 말을 사용하는 것이다. 손가락으로 대상을 가리키며 "전원 양호!", "전선 양호!", "스위치 양호!" 등 소리 내어 말하면 대뇌가 활성화돼 부주의가 일시적으로 사라지고 강한 주의 상태가 된다. 즉 대뇌가 잠시 휴식하고 있을 때 의도적으로 주의를 강화하는 것이다. 이 손가락질과 말소리에 의해 주의가 강해져 사물을 정확히 확인하게 된다. 즉, 부주의해지지 않도록 자신의 의지로 주의를 조절하는 것이다.

손가락질과 말 사용법을 꾸준히 연습하면 주의를 조절하는 방법을 터득할 수 있지만, 적당히 하면 주의해야 할 때 부주의가 나타난다.

이렇게 생각하면 부주의해지는 것은 인간의 자연스러운 모습이라 할 수 있다. 지속적으로 주의하는 것이 가능한 존재는 신밖에 없다. 다만 다소 부주의해지더라도 위험 요인을 없애거나 불안전 행위를 하지 않으면 사고는 일어나지 않는다. 따라서 가장 중요한 것은 손가락질과 말을 사용해 위험 요인을 발견하고, 거기에 접하지 않는 것이다. 관리 · 감독자도 '부주의해지지 말라'라고만 지시할 것이 아니라, '위험 요인을 발견하라'라고 지시해야 한다.

(2) 주의와 관심

많은 사람이 복작거리는 번화한 거리를 걸으면서 친구와 소리 높여 이야기를 나눈 경험이 있을 것이다. 이때 다른 사람들은 의식하지 못하고 친구만 눈에 들어온다. 남성이라면 거리를 걷거나 차를 운전하면서 아름다운 여성만 보일 것이다.

이처럼 사람은 관심이 있는 것에는 주의를 두게 되지만, 관심 없는 것에는 주의를 기울이지 않는다. 일을 하면서 충전 부분이나 회전 부분 등 주의를 기울이지 않으면 안 되는 위험 요인마저 주의하지 않으면 당연히 신경을 덜 쓰게 된다.

'손가락질과 말을 사용하라'라고 아무리 지시를 해도 애초부터 위험 요인을 경시하거나 관심이 없는 작업자는 주의를 기울이지 않을 것이다. 따라서 직장에서는 어떤 것이 위험 요인인지, 왜 그것이 위험한지 등에 대해 전원이 논의를 하고 머리에 각인시켜 의식을 강화시키는 것이 중요하다.

(3) 주의의 강약과 범위

또한 어떤 대상을 확인하기 위해 주의를 강하게 기울이면(집중하면) 주위가 잘 보이지 않게 되는 경우도 있다. 반대로 전체를 넓게 탐색하면 주의가 분산되어 중요한 것을 간과하게 되는 수도 있다. 이처럼 주의를 강하게 하면 주의의 범위가 좁아지고, 주의를 확대하면 주의가 약해진다.

현장에서는 이런 원리를 염두에 두고 작업을 관리할 필요가 있다. 작업을 개시하기 전에는 주의를 넓게 해 무엇이 어떻게 되어 있는지 확인시킨다. 그러고 나면 오늘 할 일에 주의를 강하게 기울이도록 해 상황 파악과 작업 순서를 생각하게 한다. 이런 방법을 습관화하면 사고가 일어날 염려가 없다. 전봇대 같은 환경에서 일을 하는 경우에는 특히 이 원리에 따라 행동할 필요가 있다.

작업을 하고 있는 동안 작업자는 주의를 집중하고 있다. 작업이 끝난 직후에도 주의 집중 상태가 얼마간 이어진다. 이때가 위험한 상태다. 다른 동작을 취하려 하면 주위에 있는 위험 요인(예컨대 개구부)을 의식하지 않고 사고(추락)를 당하는 수가 있다. 따라서 일이 끝나면 일단 주의를 느슨하게 한 뒤 주변을 가볍게 둘러보면서 위험 요인의 존재를 확인하고 나서 다음 동작을 하도록 지시하는 것이 좋다. 특히 건설 현장 등에서는 이 지도가 효과적이다.

(4) 강한 주의 후의 이완

앞서 이야기한 사항과 현상적으로는 반대의 경우로, 곤란한 일에 주의를 완전히 집중해 긴장한 후에는 주의가 느슨해진다. 예를 들어 전봇대 위에서의 전기 공사 등에서 작업자가 일을 마치고 전봇대를 내려올 때 잠시 지상으로 착각하고 뛰어 내리거나, 발을 헛디뎌 부상을 입는 경우가 간혹 있다.

따라서 강한 주의 집중을 필요로 하는 일을 한 후에는 그대로 긴장을 지속시켜 기분을 바꾸지 않도록 하거나, 일이 일단락되었을 무렵에 기분을 잠시 누그러뜨리고 그 후 다시 긴장해 일을 완료하도록 지도하는 것이 인간의 특성상 바람직하다.

(5) 멍청한 사고

작업 도구를 가지러 다른 건물로 달려가던 작업자가 마침 정차하고 있던 10톤 트럭의 짐칸에 머리를 심하게 부딪쳐 다친 사고가 실제로 있었다. 부상을 입었으므로 재해와 사고와 다르지 않다. 하지만 10톤 트럭이라면 매우 큰 물체라 보지 않기가 힘들었을 것이다. 나중에 병실에서 물어보았더니, 사고를 당한 그 사람은 달리면서 그 전날 집에서 있었던 다툼을 떠올리느라 트럭을 의식하지 못했다고 밝혔다.

멍청한 사고는 생각에 몰두하는 것, 멍해지는 것(알파파의 작용), 다른 동작 등을 바탕으로 발생한다. 모두 주의를 집중하지 않았다는 점이 공통적이며, 대뇌가 활성화되어 있지 않은 상황에서 일어난다. 멍청한 사고를 방지할 수 있는 대책을 본문 초반에 설명했었다. 그 외에도 작업 개시 전의 도구 상자 미팅(tool-box meeting)에서 충분히 상의하는 것 역시도 의식을 높이는 데 도움이 된다. 또 일의 의미를 알려 주고 실행에 책임을 지도록 하면 일에 대한 의욕이 생기고 흥미를 갖게 되므로 멍청한 사고가 줄어든다.

2. 눈의 기능

인간은 외부로부터 여러 가지 정보를 받아들여 행동한다. 작업을 안전하게 하기 위해서는 특히 작업 환경 정보를 올바로 파악해 둘 필요가 있다. 이런 정보 취득의 80퍼센트는 시각을 통해 이루어진다. 그러므로 안전 관리를 하려면 작업자의 시각 특성과 한계를 알고 있어야 한다.

(1) 눈의 구조와 시력

우리 눈의 구조는 다음 페이지의 〈그림 4-4〉와 같다. 가장 바깥쪽에 각막이 있는데, 눈꺼풀과 각막은 외부로부터 이물이 침입하지 못하도록 막는 등 눈을 보호하는 역할을 한다. 그 안쪽에 홍채가 있다. 카메라의 조리개와 같은 역할을 하는 홍채는 밖으로부터 들어오는 빛이 강하면 그 빛을 억제하기 위해 조금 열리고, 빛이 약

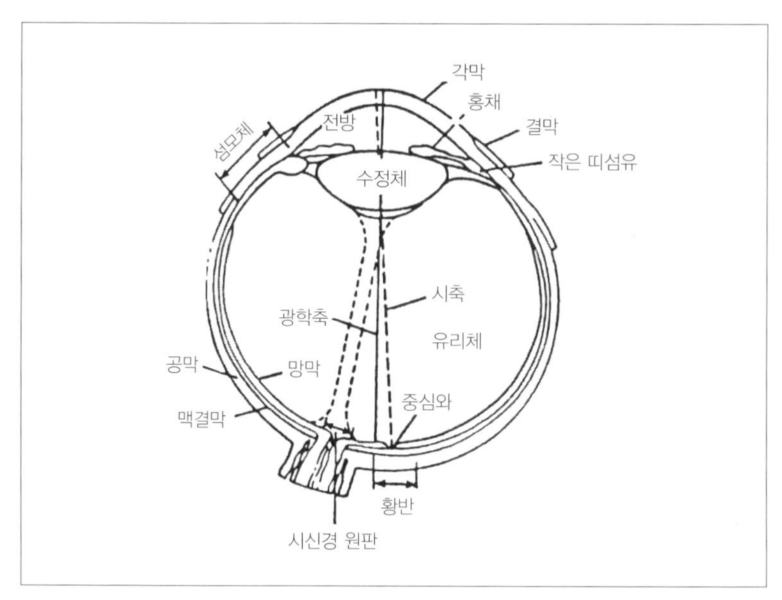

〈그림 4-4〉 오른쪽 눈의 수평 단면

하면 많은 빛이 들어오도록 크게 열린다.

홍채 사이를 빠져나간 빛은 수정체(렌즈)를 통과하는데, 이때 이 빛이 안구 안쪽에 있는 벽, 즉 망막에서 상을 잇도록 조정하는 역할을 수정체가 한다. 따라서 먼 곳의 물체를 볼 때는 수정체가 얇아지고 가까운 곳의 물체를 볼 때는 부풀어 두꺼워진다. 이 수정체를 얇게 하거나 두껍게 하는 역할을 하는 것이 섬모체라는 근육이며, 이것은 수정체 안쪽에 부착되어 있다.

근시용 안경은 수정체의 조정만으로는 외부의 영상이 망막에 상을 잇지 못할 정도로 안구 안쪽이 왜곡되어 있는 상태를 보정해 이 부족분을 보충하는 기능을 한다.

(2) 원뿔 세포와 간상 세포

망막에는 빛에 반응하는 두 종류의 세포(시각 세포)가 있다. 이를 각각 원뿔 세포와 간상 세포라고 한다. 둘 다 그 모양에 따라 붙은 이름이다. 원뿔 세포는 〈그림 4-4〉의 중심와에 모여 있으며, 중심와로부터 좌우로 멀어짐에 따라 그 수가 적어지듯 분포하고 있다. 또 이 세포는 밝은 빛이 있는 장소(혹은 시간)에서 기능하는 성질을 지니며, 붉은색이나 노란색에 강하게 반응한다. 밝은 낮에 책을 읽거나 그림을 감상할 수 있는 것은 이 원뿔 세포 덕분이다.

간상 세포는 망막 중심와에는 하나도 없다. 오히려 중심와의 좌우 방향에 있는 폭까지 그 수를 늘렸다가 어느 범위부터 적어진다. 이 세포는 원뿔 세포와는 반대로 밝은 장소(혹은 시간)에서는 활동하지 않는다. 낮에는 원뿔 세포가, 밤에는 간상 세포가 활동한다고 할 수 있다. 다만 낮이라도 어두운 장소에서는 원뿔 세포가 아니라 간상 세포가 활동하는데, 이 경우 어두운 장소에 들어간 순간부터 활동하는 것이 아니라 시간이 잠시 지나고 나서 활동한다. 어두운 곳에 갑자기 들어가면 아무것도 보이지 않다가 주위가 서서히 보이는 경험은 누구나 해 보았을 것이다. 또 간상 세포는 흑백을 구분할 수 있을 뿐 다른 색채에는 반응하지 않는다. 그렇기 때문에 어두운 곳에서는 색상이 뚜렷이 보이지 않는다. 이것을 푸르키네 현상이라 한다. 그래서 옛말에 '밤에는 비단옷을 사지 않는다' 했던 것이다.

앞서 기술한 〈그림 4-4〉는 오른쪽 눈을 위에서 본 것이다. 이 그림 왼쪽에는 '맹점'이 있다. 시각 세포는 모두 대뇌 후두부에 있는 시각령에 결합해 있는데, 여기에는 시각 세포가 받아들인 빛 신호를 전하는 모든 시신경 섬유가 집중해 지나는 곳이 있다. 이곳은 시각 세포가 존재하지 않기 때문에 보이지 않는다. 바로 이곳이 '맹점'이며, 좌우 안구에 한 곳씩 존재한다.

(3) 시력 분포

앞에서 말한 것처럼 망막에는 빛에 반응하는 세포가 두 종류 있다. 그 가운데 낮처럼 밝을 때 활동하는 원뿔 세포는 중앙의 중심와에 많이 모여 있고, 중심와로부터 좌우 70도 범위에 분포하고 있다. 주변으로 갈수록 그 수가 적어진다. 따라서 밝은 장소에서의 시각은 중심와 부분이 가장 좋다. 이것을 확인하기 위해 중심와 부분의 시력을 100으로 했을 때의 시각과 중심와에서 떨어진 위치의 시력을 비교하는 비시감도(比視感度) 곡선은 〈그림 4-5〉와 같다.

이 그림을 보면 좌우로 1도 어긋나면 시력이 3분의 2로 저하하고, 10도 어긋나면 시력이 3분의 1까지 저하한다. 즉, 정상 시력은 중심 부분의 아주 작은 부분에서만 얻어지며, 좌우로 약간만 어긋

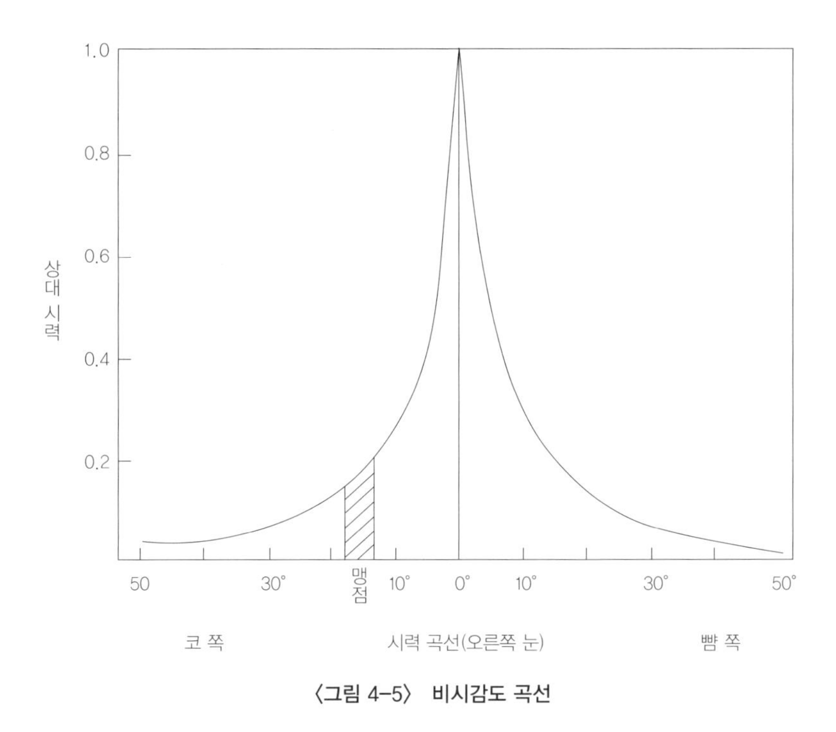

〈그림 4-5〉 비시감도 곡선

나도 시력의 선명함이 극단적으로 저하한다. 이 중심와에서 보는 것을 중심시라고 하며, 주위 세포에서 보는 것을 주변시라고 한다. 따라서 사물을 선명하게 보려면 중심시로 보아야 한다. 다만 주변시도 날아가는 물체를 감지하거나 할 때 도움이 된다.

작업 현장에서 중요한 대상이나 위험 요인이 되는 대상은 중심시로 볼 필요가 있다. 손가락질은 대상을 손가락으로 가리키는 동작을 뜻하는데, 이 동작을 할 때는 시선도 대상 쪽으로 올바로 향하는 것이 중요하다. 이 방법이 위험 요인을 발견하는 동작으로서 유익한 이유가 시선 때문이기도 하다. 그러므로 손가락으로 대충 가리키는 방법은 중심시로 대상을 보지 않기 때문에 확인을 한 것이 아닌 셈이다. 또 주위의 안전을 확인할 때는 곳곳을 손가락으로 가리키면서 손가락질 방향으로 중심시를 움직이지 않으면 전체를 확인할 수 없다.

망막의 원뿔 세포는 색채에 관계하는 세포라고 말했다. 작업 현장에서는 붉은색으로 위험을 표시하거나 작업원의 착오를 방지하기 위해 색을 구분한 설비 등 색깔을 많이 이용하고 있다. 따라서 붉은색을 비롯한 색깔을 보거나 느끼기 위해서는 중심으로부터 35도 이내에 대상이 오도록 시선을 대상에 향할 필요가 있다.

(4) 수정체의 작용

인간의 눈은 카메라와 달리 렌즈(수정체)가 한 개밖에 없다. 이 하나의 렌즈로 멀리부터 바로 앞까지 뚜렷하게 볼 수 있다. 그 이유는 수정체 안쪽에 섬모체라는 근육이 있어, 이것을 늘려 수정체를 부풀리면 가까워지고 또 느슨하게 하면 수정체의 두께가 얇아져 멀리 볼 수 있는 구조로 되어 있기 때문이다.

그러나 섬모체의 작용은 나이가 들면서 약해진다. 예컨대 가까운 곳을 보기 위해 섬모체를 당겨도 충분해지지 않으므로 수정체가 제대로 부풀지 않는다. 즉, 가까운 물체가 보이지 않으므로 이것을 수정하기 위해 노안경이 필요하다. 그리고 수정체는 단백질로 구성되어 있는데, 나이가 많아지면 이 단백질이 부분적으로 응고해 침착 부분이 생기고, 여기에 빛이 닿아 난반사하기 때문에 망막까지 이르는 빛의 양이 적어진다.

이런 이유로 중·노년 작업자는 젊은 사람이 아주 밝게 느끼는 조명도에서도 어렴풋이 어둡다고 느낀다. 따라서 중·노년 작업자가 일하는 직장은 젊은 사람이 일하는 곳보다 조명도를 약 두 배 밝게 해야 할 필요가 있다.

3. 대뇌 기능의 리듬

주의하는 데 리듬이 있는 것처럼 대뇌 기능에도 리듬이 있다. 대뇌는 25시간 주기로 돌고 있다고 하는데, 여기서는 편의상 24시간의 주기 리듬으로 설명한다.

태양이 동쪽에서 떠올라 하루가 시작되는 24시간의 주기가 인간 생활과 밀접한 관계를 가지고 있듯이, 대뇌의 활동 기능도 거의 24시간 주기로 순환하고 있다. 대뇌의 이런 기능 리듬을 실험으로 확인해 보았다. 시간 변화를 알 수 없도록 많은 피실험자를 방안에서 장기간 생활하도록 하고, 그동안 플리커 값 측정(Critical Flicker Fusion, CFF)을 실시한 실험이다. 플리커란 점멸하는 작은 광점(光點)을 말한다. 이 플리커를 피실험자에게 보여 주고 그 사이클(주파수)을 점차 높여 가면(즉 점멸 간격을 짧게 해 가면), 피실험자의 눈이 어떤 사이클 이상에서는 점멸을 느끼지 않게 된다. 점멸을 느끼지 않게 되는 이 변화점을 플리커 값이라고 한다. 빛의 점멸을 느끼는 것은 대뇌의 작용 때문이다. 그러니 점멸이라고 느끼지 않고 한 점으로 보이면 대뇌가 속은 셈이다. 한 점으로 보였을 때의 주파수는 피로 정도나 대뇌의 활성도에 따라 달라진다. 즉, 한 시간마다 플리커 값을 측정했을 때 그 값이 변동이 보이면 대뇌의 활성 수준이 변화하고 있다는 것을 알 수 있다.

시각 감각을 차단한 피실험자에 대한 플리커 값 측정 결과인 〈그림 4-6〉은 각 시각마다의 대뇌 활동 수준을 측정한 것으로 볼 수 있다. 〈그림 4-6〉에서 활성 수준은 아침 6시가 최저이고, 8시를 표준으로 서서히 높아지며, 오후 0시에 최고가 된다. 그 후 서서히 낮아져 오후 10시경에 다시 표준이 되고, 그 이후에 다시 낮아져 아침 6시경 최저로 돌아간다. 이처럼 약간의 변동을 동반하면서 거의 24시간 사이클로 대뇌 기능이 변화하는 것을 '바이오리듬' 혹은

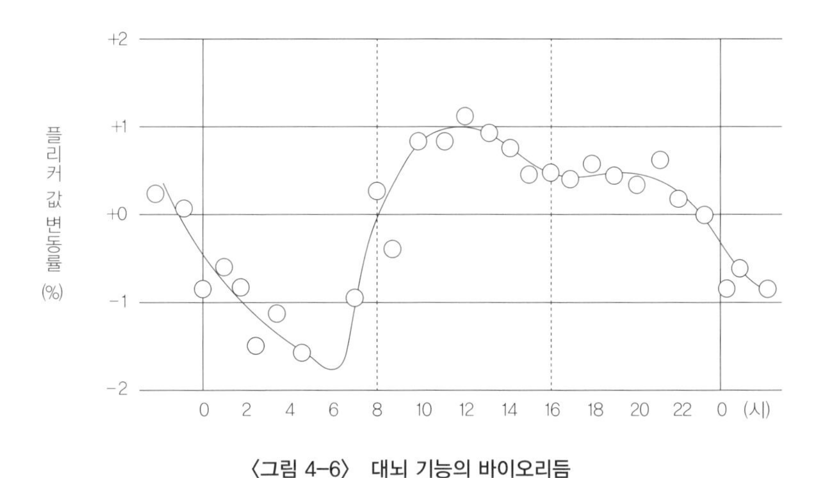

〈그림 4-6〉 대뇌 기능의 바이오리듬

'생체리듬'이라고 한다.

바이오리듬은 단순하게 말하면 해가 뜨는 동시에 대뇌가 활성화하고, 해가 지면 그 활성화 수준이 저하하는 현상이라고 할 수 있다. 대뇌의 이런 리듬은 비행기를 타고 해외여행을 갈 때 실감할 수 있다. 저녁에 일본을 출발하면 아홉 시간 정도 후에 샌프란시스코에 도착한다. 이때 샌프란시스코는 아직 오전이다. 그런데 대뇌의 감각은 한밤중이므로 당연히 잠이 온다. 이러한 현상은 바이오리듬에 원인이 있기 때문이다. 즉, 신체는 미국에 있어도 대뇌는 일본 시간 그대로 맞춰져 있기 때문이다.

대뇌의 이런 바이오리듬을 안전과 연관시켜 보면 밤 10시 이후에는 대뇌의 활성화 수준이 떨어지므로 한밤중 혹은 이른 아침 시간대에는 인적 실수가 일어나기 쉬운 상황이라 할 수 있다. 따라서 밤부터 아침에 걸쳐 발생한 고장 수리나 비정상적인 작업은 인간공학적으로 보면 아침 8시 이후까지 그대로 두는 것이 좋다. 어느 석유 회사는 밤부터 아침 사이에 설비 이상이 발생하면 설비의 셧다운 작업만 할 뿐 본격적인 운전 재개 작업은 아침 8시 이후에 실시하도록 보안 규준으로 규정하고 있다.

4. 대뇌의 기능

(1) 신피질과 구피질

최근의 과학 진보에는 놀라운 면이 있다. 특히 매우 어렵다고 하는 대뇌 연구가 생리학 · 생화학 · 공학 등 많은 분야의 노력으로 크게 진보하고 있다. 여기서는 안전에 관련된 내용을 다루면서 이해하기 쉽게 해설할 것이다.

대뇌를 크게 분해하면 〈그림 4-7〉과 같이 구피질과 신피질로 나눌 수 있다. 구피질은 인류 탄생 이전부터 계통적으로 이어져 온 대뇌로서 감정과 욕망의 중추다. 동물이 외적을 향해 울부짖거나 이성에게 달콤한 소리를 내거나 하는 것은 구피질의 역할이다.

구피질은 자기중심적이어서 감정적인 행동을 하는 경향이 있으므로 별 뜻 없는 말에도 일희일비하고, 충고를 나쁘게 받아들여 감정적으로 반발하거나 한다. 또 귀찮은 일을 싫어하고 빈둥거리기를 좋아한다. 그러므로 구피질의 지배를 받으면 교차로의 신호가 노란

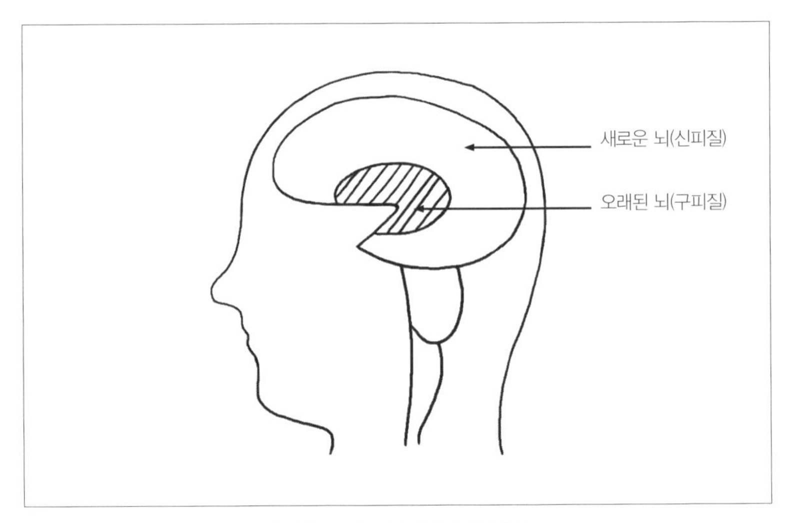

〈그림 4-7〉 구피질과 신피질

색이나 붉은색 신호로 바뀌고 나서도 차를 멈추지 않는 등 위험한 운전을 한다.

또한 구피질은 판단력이 거의 없다. 예컨대 "판단을 했으나 안전하다고 생각했다."라고 할 때는 구피질이 우위가 되어 있는 상태다. 즉, 정확하기보다 대충 게으르게 행동하고 싶다고 생각하고 있으므로 '괜찮아.' 하고 마음대로 생각해 버리는 것이다. 즉, 이것을 '안전'하다고 판단했다며 바꾸어 말하는 데 지나지 않는 것이다.

한편 신피질은 인간이 진화하는 과정에서 크게 늘어난 뇌의 새로운 부분이다. 이 부분의 기능은 물체의 형태와 색, 움직임을 결합해 인식하거나, 여러 가지 일들을 기억하고 지적인 판단을 하는 등 매우 중요한 활동을 한다. 말을 깨우치고, 계산법을 배우며, 일에 필요한 기술을 익히는 등 문명사회를 지배하는 행위의 중심을 담당한다. 물론 외계의 자극을 올바로 판단하게 하며, 구피질의 감정적인 행위를 억누르기도 한다.

안전한 생활을 영위하기 위해서는 신피질과 구피질 각각의 활동을 통합해야 하며, 일을 하고 있을 때나 운전하고 있을 때 같은 경우에는 구피질의 활동을 가능한 한 약화시키고 신피질이 우위에 있도록 해야 한다. 반대로 사생활, 즉 일을 마치고 집에서 여유를 가질 때는 구피질을 풍성하게 활용하면 가족과의 단란함과 재미있는 화제를 유쾌하게 즐길 수 있다.

음주는 초반에는 신피질을 마비시키므로 구피질에 대한 제어의 힘이 약해진다. 그렇게 되면 예를 들어 상사의 험담을 하는 것이 즐거워진다. 그러다가 점점 취하면서 구피질의 활동이 더 강해져서 노래방에서 박수 소리가 작다고 화를 내거나, 길거리 고성방가로까지 발전하게 된다. 이것은 술에 취해 신피질 조절 기능이 멈췄기 때문에 실이 끊어진 연과 같이 구피질이 활개를 친 결과다. 주벽이 있는 사람은 원래 신피질의 힘이 약하다고 볼 수 있다.

(2) 뇌간 망양체 부활계

구피질에서는 흥미로운 대뇌의 작용을 또 하나 찾아볼 수 있다.

〈그림 4-8〉과 같이 새끼손가락 모양을 하고 있으며 '뇌간 망양체 부활계'라는 이름이 붙어 있는 부분이 연수(延髓)를 경유해 척수로 이어져 있다. 그 이름처럼 이 부분의 기능은 대뇌 전체를 활성화하도록 자극하는 것이다. 이 기능은 배터리와 비슷하다. 이 배터리의 부활 작용으로 대뇌 전체가 활성화된다.

배터리와 비슷한 부활계는 근육 안의 비교적 큰 세포인 근방추(筋紡錘)와 연락하고 있다. 근방추는 예컨대 손을 움직이면 그 손의 움직임을 이해하고 대뇌에 자극을 보내 손이 어느 정도 움직였는지를 판단하는 도우미 역할을 한다. 이처럼 인간의 몸은 근육 활동을 함으로써 근방추가 활성화해 그 자극이 뇌간 망양체 부활계에 보내져 대뇌 전체가 활성화하는 매우 재미있는 시스템으로 이루어져 있다.

따라서 신체를 움직이지 않으면 근방추도 활동하지 않으므로 배터리인 부활계의 역할이 둔해져 졸음이 오거나 한다. 특히 근방추는 대신근(大臀筋, 꽁무니 근육)이나 구활근(口滑筋, 입 주위 근육)에 집중되어 있다. 그렇기 때문에 궁리를 할 때 무언가를 웅얼거리면서 돌아다니는 것은 이 근육들에 있는 근방추를 활성화함으로써 창조적인 발상을 하고자 하는 인간의 자연스러운 행동이다. 반대로 어두운 곳에서 영사된 슬라이드를 오래도록 보고 있으면 졸음이 온다. 이것은 암실의 어둠 속에서 시각적 자극이 적어진 데다 신체

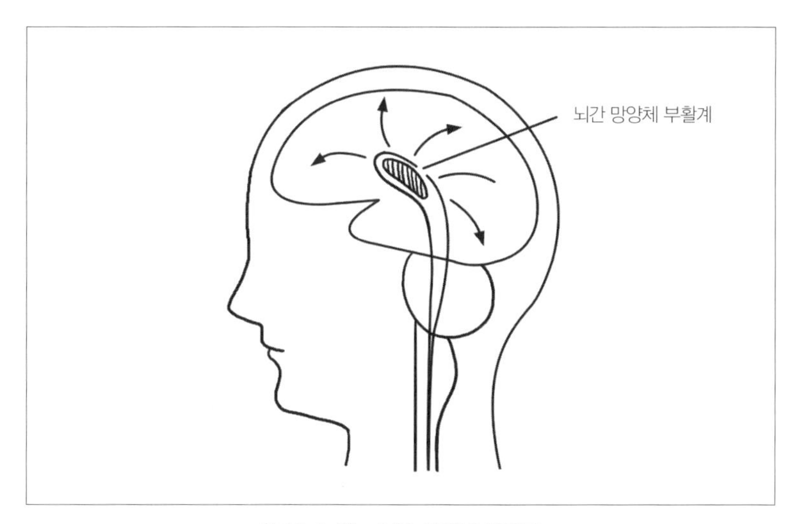

〈그림 4-8〉 뇌간 망양체 부활계

의 움직임도 억제되고 있기 때문이다. 즉, 부활계의 역할이 약해져 대뇌가 졸기 시작하는 것이다.

또 비교적 단조로운 풍경을 보면서 장시간 차를 운전하고 있을 때나 교통량이 적은 직선 도로 등에서도 졸음이 온다. 졸음운전은 밤낮 구별 없이 일어나는데, 이것도 근방추를 자극할 정도의 큰 운동을 하는 것이 아니므로 뇌간 망양체 부활계가 점차 약해져 졸게 되는 것이다. 졸음운전 대책으로 껌을 씹는 운전사가 있는데, 이것은 구활근을 움직여 부활계를 활성화하므로 바람직한 행동이다. 하지만 졸음을 느끼면 차를 무조건 정지시키고 차에서 내린 다음 맨손체조를 하는 등 신체 전체의 근방추를 활성화하는 것이 더욱 효과적이다.

5. 인지와 정보 처리

(1) 인간의 정보 처리 능력

인간은 시간을 들이면 매우 많은 양의 정보를 판단하거나 기억할 수 있지만, 순간적으로 처리할 수 있는 정보의 양은 그다지 많지 않다.

128페이지의 〈그림 4-9〉를 잠깐 보고 나서 곧바로 이 페이지로 돌아오라. 그림에 ●표시가 몇 개 있었나?

어떠한가? 천천히 보면 몇 개인지를 쉽게 맞힐 수 있지만 1~2초 가량 보는 것으로는 개수를 알 수 없었을 것이다.

그렇다면 몇 개일 때 맞힐 수 있을까? ●표시를 다섯 개부터 열두 개까지 늘린 그림을 준비해 몇 개까지 맞히는지 시험해 보면 재미있는 결과를 얻을 수 있다. 이 실험에서는 여덟 개까지는 거의 모든 사람이 맞히지만, 아홉 개 이상이 되면 맞히지 못하는 사람이 늘어난다. 이를 통해 인간이 가지고 있는 순간적인 정보 처리 능력이 여덟 개까지라는 것을 알 수 있다. 전화번호부를 꺼내어 전화하는 장면을 떠올려 보라. 도쿄의 전화번호는 03-3814-3581와 같이 열 자리로 되어 있다. 처음의 03은 대개 머리에 들어 있으므로 나머지 여덟 자리만 기억하면 된다. 즉 도쿄 지역의 전화번호 자리수가 인간이 순간적으로 판단할 수 있는 숫자 개수의 한계다. 자리수가 이보다 더 늘어나면 전화를 잘못 거는 경우가 확실히 늘어날 것이다.

심리학에는 실험자가 천천히 내뱉은 숫자를 피실험자가 따라서 복창하는 테스트가 있다. 이 테스트에서는 일곱 자리에서 여덟 자리까지는 대부분의 사람들이 정확히 복창할 수 있으나, 아홉 자리 숫자가 되면 여러 사람이 틀린다. 내뱉은 숫자를 반대 순서로 복창하는 역창 테스트에서는 여섯 자리 정도라도 많이 틀린다. 이 두 가지 실험으로부터도 인간이 일시적으로 기억하거나 판단하는 능력에 한계가 있음을 알 수 있다. 인간의 정보 처리 폭은 겨우 여덟 개 혹은 여덟 자리다. 정보 처리로 말하면 $8=2^3$, 즉 3비트인 것이다. 따라서 8(혹은 3비트)을 넘는 수의 정보를 주면 인적 실수로 이어질 가능성이 높다. 게다가 역창 실험처럼 일단 익힌 정보를 반대 순서로 바꾸어 나열하는 것과 같은 한 가지 설정이 더 더해지면 한 번에 처리할 수 있는 정보의 양은 더욱 적어진다. 예컨대 도로변에 '50km 속도 제한'이나 '주차 금지', '추월 금지' 등의 표지는 차가 달

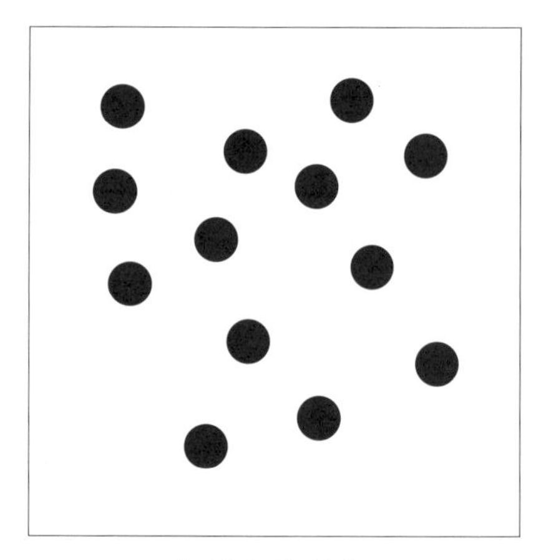

〈그림 4-9〉 사례 1

리면서 단시간에 인식하지 않으면 안 된다. 속도가 빠를수록 당연히 정보를 처리할 수 있는 양이 적어지므로 운전사가 이해할 수 있는 표지의 수도 줄어들게 마련이다. 교통안전의 확률을 높이려면 모든 운전사가 표지를 이해할 수 있어야 한다. 걸어가면서 인식할 수 있는 수를 생각하면 한 개소의 표지는 네 개 이하로 제한하는 것이 좋다.

(2) 정보의 그룹화

발전소 등의 운전실에서도 비슷한 문제가 있다. 운전실(통제실) 내부에 들어가 보면 한쪽 벽면에 미터기나 기록계가 비좁게 나열되어 붙어 있는 광경을 흔히 볼 수 있다. 또 기사가 조작하는 콘솔에도 미터기에 대응해 유사한 형태를 한 스위치와 버튼이 많이 나열되어 있다. 이것을 순식간에 판단해 조작하는 일은 숙련된 사람 말고는 불가능하다.

다음 페이지의 〈그림 4-10〉을 보라. 네 개×네 개로 모두 열여섯 개의 미터기가 나열된 패널이다. 이 그림은 미터기 하나하나가 다른 기능을 하고 있으므로 포인터(지침)가 정상으로 움직이고 있음을 보여 주는 방향이 각기 다르게 표시되어 있다. 이 상태에서 어느 미터기가 비정상인지 순간적으로 발견하기란 매우 곤란하다.

이 패널을 〈그림 4-10〉의 아래쪽 그림과 같이 정상 때 향하고 있는 포인터 방향이 항상 동일 방향이 되도록 해 두면 비정상의 미터기를 발견하기가 아주 쉬워진다. 이처럼 인간이 가진 정보 처리 능력의 한계를 고려해 정보를 처리하는 차원을 적게 하고, 인간에게 주어지는 부담감을 줄이면 용이하게 판단할 수 있다. 이 방법을 '청크(chunk)'라고 한다.

또 전화번호도 0335813184와 같이 의미 없이 나열되어 있는 숫자를 기억하는 것은 아무리 여덟 자리라 해도 어렵다. 이런 숫자는 03-3581-3184처럼 자릿수를 구분하는 편이 외우기 쉽다는 사실을 경험으로 이해할 수 있다. 청크란 이렇게 나누는 방법을 말한다. 즉, 그룹화라는 의미다.

〈그림 4-10〉을 보라. 위 그림의 미터는 $16=2^4$, 즉 4비트가 배열

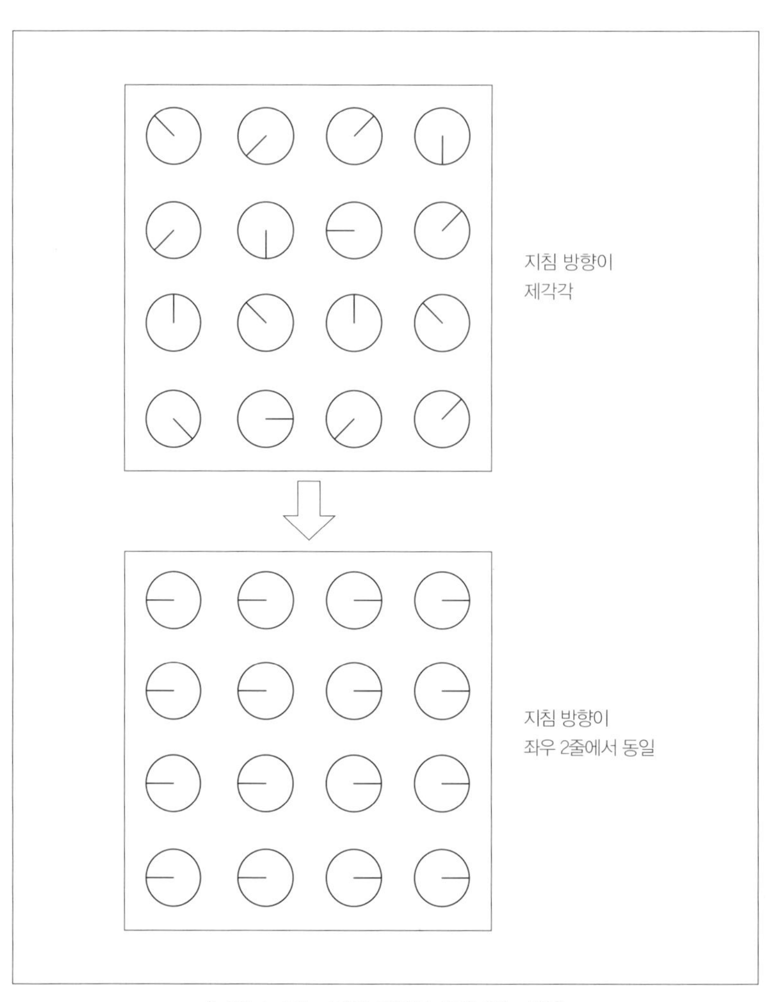

〈그림 4-10〉 정보 처리를 쉽게 하는 사례

되어 있기 때문에 인간의 정보 처리 한계인 3비트가 넘는다. 이것을 〈그림 4-10〉의 아래쪽 그림처럼 배열 특성을 바꾸어 보면 2열로 처리되어 $2^1 = 1$비트가 되어 인간이 판단하기 쉬운 배열이 된다.

앞서 실험에 사용한 〈그림 4-9〉를 다시 한 번 보라. 실험에서는

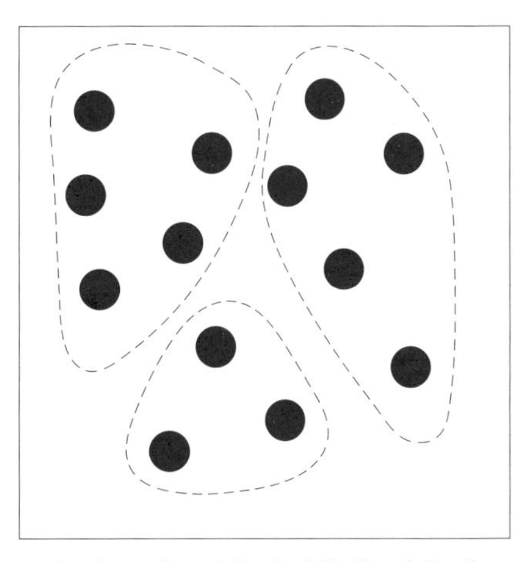

〈그림 4-11〉 사례 1에 대한 청크의 한 예

●표시가 열세 개로 인간의 순간 판단 한계를 넘었기 때문에 즉각 헤아릴 수 없었다. 이 경우에도 청크의 원리를 이용하면 맞힐 수 있다. 예컨대 〈그림 4-11〉은 청크 방법 중 하나다. 여기서는 ●표시의 배치 특징을 감안해 5·5·3=13으로 묶었다. 이 밖에도 여러 가지 묶는 방법이 있으므로 시험해 보라. 청크 방법에 특별한 비결은 없다. 자신만의 청크 방법에 익숙해지면 큰 정보량도 쉽게 처리할 수 있게 된다. 특별히 기억력이 좋은 사람은 자신만의 청크 방법을 사용하고 있는 것이다.

6. 착오

'착오'란 일반적으로 잘못된 생각이라는 의미로 사용된다. 특히 인간공학에서 다루는 착오란 '환경에 실수의 요인이 있는 인간의 실수'를 말한다. 다음의 사례를 통해 착오와 그에 의한 사고 형태를 살펴보자.

옛날 대나무숲이던 곳을 개발한 도요나카 시의 아파트 단지로 귀가하던 어느 샐러리맨 관련 유명한 실화가 있다. 술에 몹시 취해 있던 그 샐러리맨은 비슷한 형태의 아파트가 즐비한 단지의 한 모퉁이에서 버스를 내렸다. 그런 다음 412호의 현관문을 열고 "왔어." 하고 소리를 지르며 주방으로 들어가 식탁 앞에 앉으면서 입가심하겠다며 아내에게 맥주를 내놓으라고 했다. "알았어요. 지금 드릴게요." 하고 맥주를 꺼내 마개를 따고 식탁에서 컵에 따르던 아내는 뭔가 이상하다는 것을 깨달았다. 샐러리맨도 소스라치게 놀랐다. 서로 모르는 얼굴이었던 것이다. 이 샐러리맨이 있는 곳은 이

옷 동의 412호였다.

또 다른 사례는 어느 변전소에서 일어난 사고다. 이 변전소에는 대형 애자(碍子)가 여러 대 나열되어 있다. 애자가 먼지로 오염되면 절연 상태가 되므로 이를 방지하기 위해 정기적으로 청소를 했다. 그날도 애자를 청소하는 날이었다. 상사가 작업자에게 "2호기 애자를 청소하라."라고 하면서 2호기용 태블릿을 건네주었다. 태블릿은 지름 5센티미터 정도의 플라스틱제 원판으로, 다른 애자와 혼동하지 않도록 2호기 애자에만 부착할 수 있는 구멍이 뚫려 있었다. 작업자는 "2호기, 다녀오겠습니다"라고 복창한 다음 태블릿과 단로기(disconnect switch) 막대를 들고 나갔다. 이곳에서는 청소 작업 중의 감전 사고를 방지하기 위해 단로기 막대라 부르는 기다란 막대를 사용해 애자 위에 있는 스위치를 내리도록 했다. 작업원은 "2호기, 2호기"라고 웅얼거리면서 부스로 향했다. 그리고 태블릿을 끼운 다음 "2호기를 내린다"라고 외치면서 옆의 3호기 스위치를 내려 버렸다. 2호기에 태블릿을 끼운 직후 잠시 눈을 딴 데로 돌린 모양인지 순식간에 착오를 일으킨 것이다.

이 두 가지 사례를 포함해 착오의 공통적인 특징은 유사한 건물이나 물체가 나열되어 있는 곳에서 일어나는 것이다. 도요나카 시의 아파트 단지에는 완전히 똑같은 구조의 동이 나열되어 있었다. 또 변전소에는 다섯 대의 애자가 같은 높이, 같은 간격으로 나열되어 있었다. 이와 같이 같은 형태의 물체가 나열되어 있으면 착오가 일어나기 쉽다.

착오로 일어난 사고의 예를 또 한 가지 살펴보자.

산꼭대기에 〈그림 4-12〉와 같이 서 있는 송전선 철탑에서 애자 교체 공사를 하고 있었다. 감전 사고를 방지하기 위해 애자를 교체하는 아래의 선은 사선(死線)으로 해 두었다. 그러나 반대쪽은 활선(活線)으로 되어 있었다. 고압 전선이므로 활선에 30~40센티미터만 가까이 가도 튕겨 나가게 된다.

A철탑 교체 작업이 끝났으므로 작업반장은 B철탑으로 이동했다. A철탑에서 맨 마지막으로 내려온 K씨는 도구를 정리하고 자전거에 올라 다른 사람보다 조금 늦게 B철탑에 도착했다. K씨는 작업에 가담하려고 B철탑으로 올라갔지만, 그가 올라간 것은 활선 쪽이었다. 동료들이 이 사실을 알아차리고 소리를 질렀을 때 K씨는 활선에 가까이 있었기 때문에 고압 전선에 튕겨져 이미 추락해 버렸다. 감전으로 사망한 것이다.

K씨는 철탑 오른쪽에 오는 사선을 자전거 도로와 관련해 이해한 것 같았다. A철탑에서 길은 철탑 오른쪽, 즉 작업하는 쪽에 있었다. 그런데 B철탑에서는 길이 철탑 왼쪽, 즉 활선 쪽을 지나고 있었기 때문에 K씨는 A철탑과 같은 생각을 하고 활선 쪽으로 올라갔으리라 짐작된다.

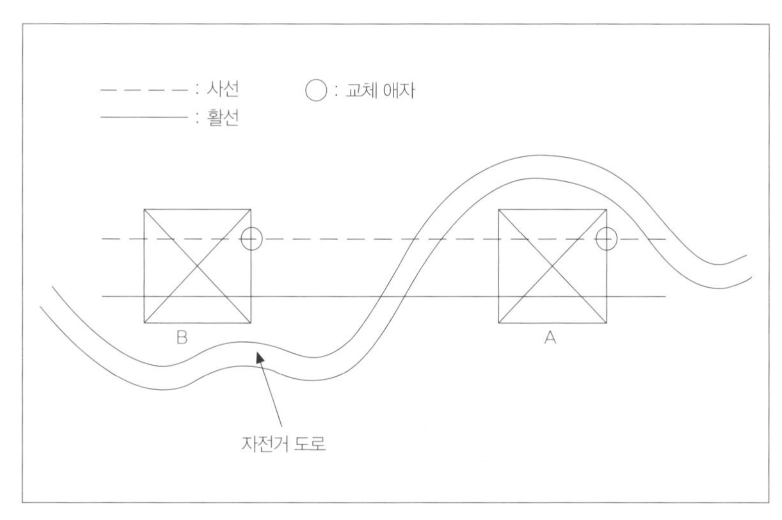

〈그림 4-12〉 착오에 의한 사고 발생 현장

일반적으로 위험한 작업을 할 때는 여러 가지 안전장치를 갖추고 작업한다. 그런데도 이러한 착오가 일어난다. 높은 장소에서 작업하는 경우에는 그만큼 긴장하는 탓인지 착오가 자주 발생한다. 철도 보선 작업에서도 이런 착오가 생기기 쉬우므로 오르내리는 양쪽에 감시원을 배치한다. 그런데도 사고는 끊이지 않는다. 고압 전선 같은 위험 작업을 할 때는 작업자끼리의 상호 체크를 강화하거나, 활선 쪽은 물리적으로 오르지 못하도록 조치를 취해 두거나, 지상에 양쪽 한 명씩 감시원을 두는 등 신중한 대책이 필요하다.

7. 생략 행위와 억측 판단

재해와 사고가 인간의 정보 처리 기능이나 기억력의 한계에 의해 혹은 인간의 구피질 활동에 의해 일어난다고 설명했다. 여기서는 주로 후자의 구피질 활동이 인간의 행위에 어떻게 영향을 미치는지를 설명할 것이다.

(1) 생략 행위

산업 재해 발생에는 작업 순서를 빠뜨리거나, 보호구 착용과 사용 같은 규칙을 무시하는 행위가 관련된 경우가 많다. 이를 '생략 행위'라고 한다.

제2장에서 다룬 네 가지 사고 사례는 모두 생략 행위가 관련되어 있다. 예컨대 세 번째 예인 화학 공장의 경우 축전지의 플랜지 교체 작업에서는 잔압(殘壓)에 의한 화학적 내용물 분출을 방지하기

위해 비닐 커버를 덮도록 규정되어 있었다. 그런데 작업자는 꼼꼼하게 작업하는 것이 귀찮아(구피질이 작용) 비닐 커버를 씌우지 않고 너트를 풀었고 사고로 이어졌다. 또 제3장의 인적 실수에 관한 사고 가운데 산업용 로봇 현장에서 일어난 사망 사고도 생략 행위가 원인이 된 것이다. 이 경우는 작업자가 정규 순서(인터록을 자르는 일)를 따르지 않고 안전 로프를 뛰어넘어 위험 영역에 직접 돌입했다. 올바른 순서를 밟지 않는 것(생략 행위)이 사고 발생에 얼마나 중대한 원인이 되는지 알 수 있다.

이런 생략 행위는 구피질 작용의 하나다. 구피질은 귀찮거나 꼼꼼한 작업을 싫어한다. 가능한 한 손쉽게 하고자 하므로 자신만의 재량으로 이러한 행위를 하게 된다.

생략 행위를 방지하기 위해서는 구피질이라는 자기중심적인 감정을 억제하는 힘을 강화하는 트레이닝이 효과적이다. 이 방법으로는 뒤에 이야기할 NKY 활동이 적합하다.

(2) 억측 판단

명백한 근거 없이 독자적으로 괜찮다고 판단하는 일을 '억측 판단'이라고 한다. 제2장의 두 번째 사례가 그 전형으로, 승강 설비가 설치되어 있는데도 눈앞의 거푸집에서 튀어나와 있는 서까래를 오르는 도중에 추락 사고가 일어났다. 여기서는 사다리처럼 보인 눈앞의 서까래를 사다리로 사용해도 괜찮겠다고 생각하는 바람에 사고가 일어난 것이다. 억측 판단에는 예시의 서까래와 같이 억측으로 이끄는 유인(誘因)이 관계하고 있다. 이 유인에는 다음과 같은 종류가 있다.

강한 바람

차단기가 없는 건널목에서 열차가 접근한다는 경보가 울리고 있다. 그런데도 통과하려는 인간의 강한 바람 때문에 사고가 일어나는 경우가 적지 않다. 이 경우에는 기다리기 귀찮다는 생각이 열차가 통과하기 전에 건널목을 건널 수 있으리라는 억측을 유발해 액셀러레이터를 밟게 만든다.

정보와 지식의 불확실한 이해

소형 기중기를 사용해 10톤 무게의 제품을 걸어 올리는 작업 현장에서 일어난 사고다. 작업 중 10톤용 철사가 보이지 않자 가까이 있는 철사를 사용해 걸어 올리는 도중에 철사가 끊어졌다. 이로 인해 제품이 낙하하는 바람에 작업자가 부상을 입었다. 여기서 '괜찮겠지'라는 판단을 일으킨 것은 철제 철사라는 이미지에다 일반적으로 철사에는 일정 안전율이 적용되어 있기 때문이라는, 막연한 이해에 근거한 억측이었다.

과거 경험

교차로에서 일어나는 충돌 사고 가운데에는 적신호를 무시하고 통과하는 경우도 포함되어 있다. 즉, 이제까지 여러 차례 적신호에서도 통과했는데도 사고가 일어나지 않았던 경험이 운전사에게 억측 판단을 불러일으키는 것이다.

선입관

차를 운전하는 운전사는 주행 중에 여러 종류의 판단에 직면한다. 따라서 판단 미스가 원인이 되는 사고도 있는데, 이런 경우 선입관이 작용하기도 한다. 예컨대 큰 교차로에 접어들었는데, 전방에 우회전하려는 대향차(對向車, 반대쪽에서 마주 오는 차-옮긴이)와 맞닥뜨렸다. 본인은 직진하려던 참이었으므로 속도를 줄이지 않고 교차점에 진입했다. 그런데 대기해야 할 대향차가 갑자기 우회전하는 바람에 그 차의 뒷부분과 충돌해 버렸다. 우선 방향이라는 선입관 때문에 안전을 고려하지 않아 사고가 난 것이다.

어느 경우든 합리적인 근거에 입각한 '판단'이 아니고 근거 없는 제멋대로의 생각이 억측으로 이어져 사고를 낳았다. 동시에 억측에는 반드시 그것을 일으키는 요인이 개재한다. 이 요인, 즉 구피질의 작용이 사고를 억측으로 이끌어(심리학에서는 합리화라고 한다) 괜찮다고 생각해 버리는 것이다.

이런 억측을 방지하는 수법 가운데 그룹 토의 형식이 있다. 억측에 의한 실패 경험을 서로 발표하고 자신들의 판단에 근거가 없음을 분석하는 과정이다. 이러한 안전 소집단 활동으로 억측에는 구피질이 작용하고 있음을 모두가 납득하게 된다. 자세한 것은 뒤에서 설명할 것이다. 이와 같은 활동을 통해 신피질의 역할을 강화하고 구피질을 조절할 수 있게 되면 억측을 막을 수 있다.

8. 파퓰레이션 스테레오타입

파퓰레이션 스테레오타입(population stereotype)은 '많은 사람이 늘 같은 행동을 하는 것'을 말한다. 그러므로 기계 장치 등은 많은 사람이 행동하는 양식에 맞춘, 즉 스테레오타입에 적합하게 설계가 되어 있지 않으면 작업자가 잘못된 방향으로 조작할 가능성이 있다.

(1) 스위치류의 디자인

조작의 스테레오타입을 반영하는 것이 가장 요구되는 예로서 스위치류가 있다. 스위치는 생활용 · 업무용을 불문하고 여러 가지 기기 및 장치에 구비되어 있는 중요한 인터페이스다.

〈그림 4-13〉에는 몇 개의 스위치와 그 조작 방향이 표시되어 있다. 오른쪽 멀티 스위치의 경우는 온오프(ON-OFF) 방향이 위아래로 되어 있다. 그러므로 온(ON)을 아래 방향으로 설정하면 인간이

이해하기 쉽다. 중앙의 로터리 스위치에서는 왼쪽을 오프(OFF)로, 오른쪽을 온(ON)으로 하는 것이 스테레오타입에 적합하다. 이러한 스위치 위치는 일반적으로 오른손잡이가 많은 점과도 무관하지 않다. 그림의 왼쪽은 수도꼭지인데 물이 나오는 방향으로 손을 조작하는, 즉 수도꼭지를 아래로 누르는 것이 자연스럽다.

실제로는 이 그림들의 반대 방향으로 조작하는 것도 있으나, 이것은 많은 사람에게 부자연스러우므로 실수를 유발하기 쉬운 설계라고 할 수 있다. 차의 도어를 여는 키 조작은 이런 관점으로 말하면 일본에서는 좌측통행이므로 운전사 쪽 도어에 키를 꽂아 오른쪽으로 돌려 열고, 잠글 때는 왼쪽으로 돌리는 것이 스테레오타입

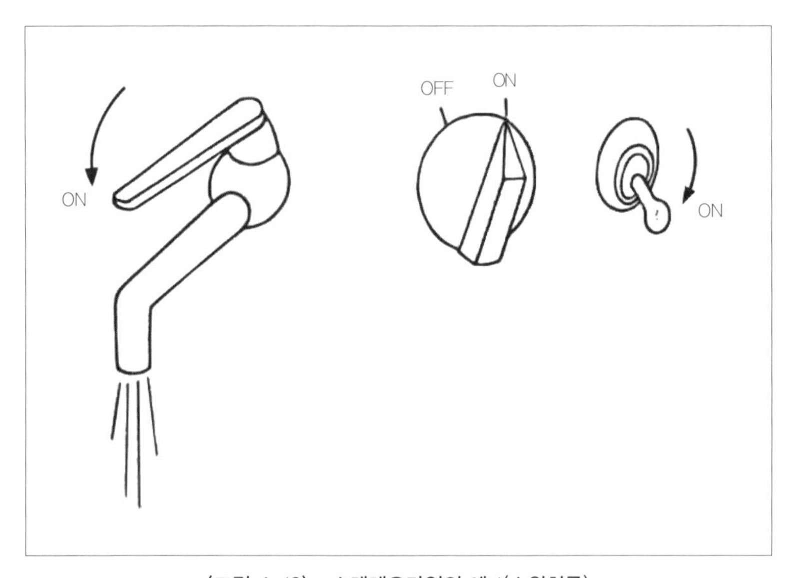

〈그림 4-13〉 스테레오타입의 예 1(스위치류)

에 맞다(한국에서는 우측통행이므로 운전사 쪽 도어에 키를 꽂아 왼쪽으로 돌려 열고, 잠글 때는 오른쪽으로 돌린다. －옮긴이). 현실적으로는 반대로 조작하는 차도 제조되고 있다.

(2) 연동 제어 조작

앞의 예처럼 단순히 스위치를 온오프하는 조작뿐 아니라 다른 무엇인가와 연동해 제어하는 것이 요구되는 조작이 있다. 예를 들어 오디오 기기에는 미터기와 조절기를 연동시켜 조작하는 부분이 있다. 이런 경우는 〈그림 4-14〉를 보면 알 수 있듯이, 튜너를 오른쪽으로 움직이고자 할 때의 다이얼 방향은 역시 오른쪽 방향으로 돌리는 것이 스테레오타입이다. 이것은 로터리 스위치에서도 마찬가

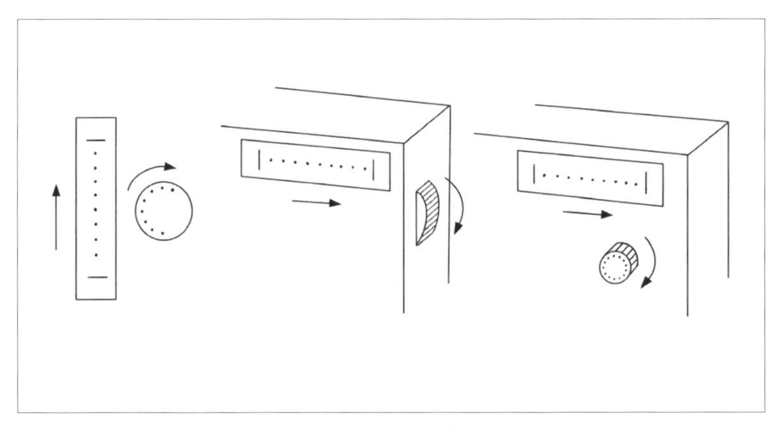

〈그림 4-14〉 스테레오타입 예 2(연동된 다이얼의 예)

지이며, 증대-감소의 방향을 우회전-좌회전으로 스테레오타입에 맞출 필요가 있다.

여기서 언급한 설계의 예는 모두 긴급성을 그다지 필요로 하지는 않는 제품 디자인 중 하나다. 하지만 화학 공장이나 전력 · 가스 등 위험을 수반하는 직장에서는 스위치와 조절기 등이 스테레오타입에 반하는 설계로 되어 있으면, 긴급을 요하는 비정상 사태가 발생했을 때 상황을 더 악화시킨다. 그러므로 설계자 개인의 탁상공론만으로 디자인을 결정해서는 안 된다.

9. 고령화와 안전

(1) 세계 제일의 고령 국가

선진국 사회는 한결같이 고령화가 진행되고 있다. 그런데 일본의 고령화 현상은 ① 고령화 속도가 빠르고, ② 고령 연령자가 총인구 중에서 차지하는 비율이 세계 제일이 될 것이라 예측되며, ③ 많은 고령자가 어쩔 수 없이 취업을 해야 하는 것으로 보이는 등 다른 나라와는 다른 특징이 있다.

우선 고령화의 진전 상황을 〈그림 4-15〉의 주요 선진국 상황과 비교해 보자. 영국이나 스웨덴이 100년 하고도 수십 년에 걸쳐 고령화되어 온 데 비해, 일본은 두세 배 빨리 고령화가 진행되어 왔음을 알 수 있다. 동시에 일본도 이미 고령 국가에 속해 있다는 사실을 알 수 있다.

서구 선진국은 장기간에 걸쳐 고령화가 진행되어 왔기 때문에 고령화에 대응하는 준비 기간을 가질 수 있었다. 그러나 일본은 고령화를 막기 위한 사회 자본 투입을 비롯한 여러 가지 준비를 갖추지 못한 채 고령화를 맞게 되었다는 문제점을 안고 있다.

두 번째 특징은 2020년 무렵 일본이 세계 제일의 고령 국가가 된다는 것이다. '세계 제일'이라는 기록은 환영해야 할지 모르나, 고령 국가로서의 본보기가 없다는 것이기도 하므로 일본은 창조적 대책을 독자적으로 창출해 실행하지 않으면 안 될 것이다.

급격한 고령화와 세계 제일의 고령 국가라는 현상은 고령자의 생활을 떠받쳐온 이제까지의 연금 제도를 다시 정립해야 하는 결과를 초래했다. 따라서 일본에서는 단계적으로 65세 연금 지급을 향해 법률 정비가 이루어지고 있다. 그렇게 되면 65세까지 고령자도

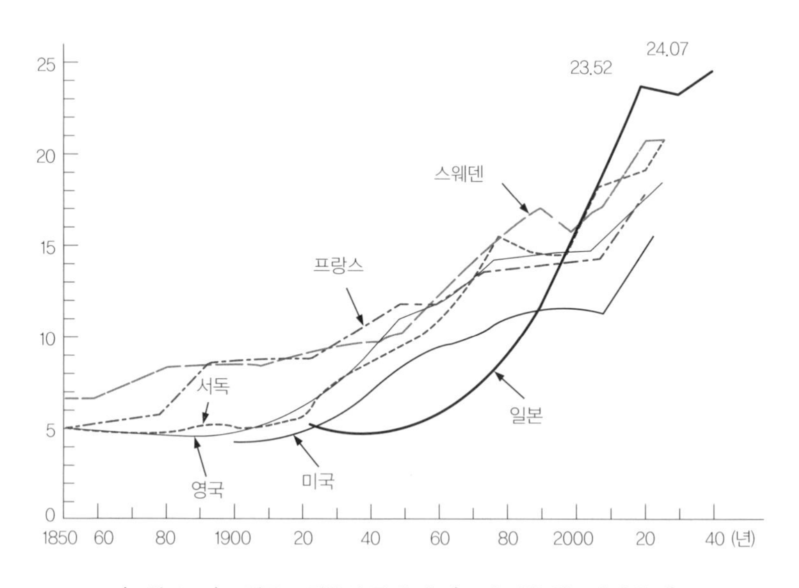

〈그림 4-15〉 인구 고령화의 국제 비교(65세 이상 인구비의 추이)

일하지 않으면 안 되므로, 매우 많은 고령자의 일자리 확보와 작업 안전이라는 문제가 부각된다. 여기서는 고령자의 일반적인 기능 저하와 작업 안전에 대해 알아볼 것이다.

(2) 나이를 먹는 것

나이를 먹는 것을 '가령(加齡)'이라고 한다. 그렇다면 가령에 의한 신체적 · 정신적 변화는 무엇일까?

기본적으로는 다음 페이지의 〈그림 4-16〉과 같이 중추 기능이 저하되면서 그것이 다방면의 신체 부위에 영향을 끼친다. 감각 기능, 호흡기 · 순환기계 기능, 정보 처리 · 운동 기능 등이 저하되고 성격도 변한다. 시력, 근력, 동작의 민첩성 등 업무나 안전 측면에 관련된 내용에도 변화가 나타난다. 한편 경험적으로 길러진 지식 · 상식 등의 능력은 증대되기도 한다.

감각 능력

신체의 모든 기능 가운데 가장 빨리 가령의 작용을 받는 것은 시력이다. 149페이지의 〈그림 4-17〉에서 보듯이 남성은 40세 이후에 시력이 급속도로 저하된다. 45~50세가 되면 노안경이 필요해지는 중 · 고령자가 급증한다. 이 원인은 전술한 수정체의 두께를

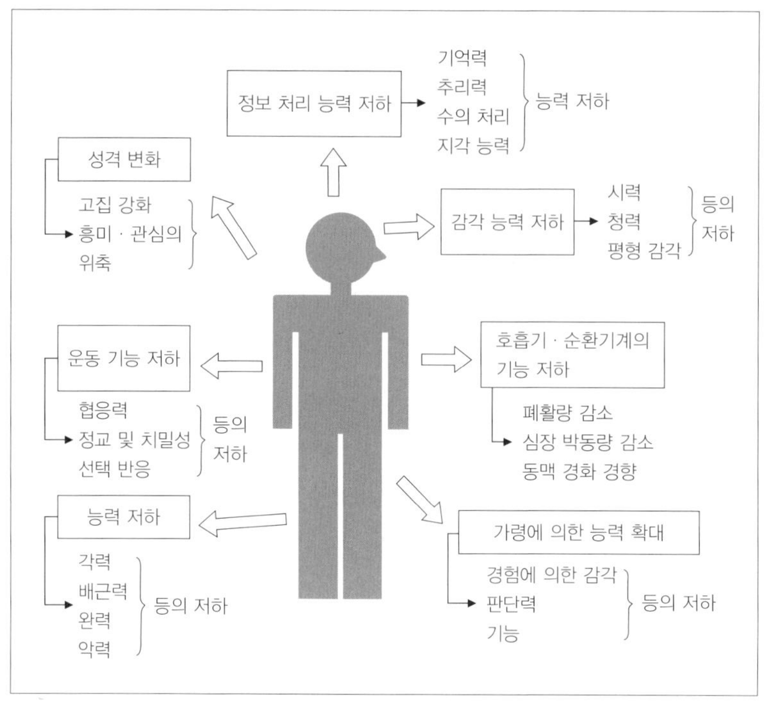

〈그림 4-16〉 가령에 동반하는 신체 기능 변화

조정하는 근육인 섬모체의 수축력이 저하되고 망막의 해상도가 나빠지기 때문이다. 여성은 좀 더 이른 30세 후반부터 가령 증상이 시작된다.

시력 저하는 안전상 무시할 수 없는 문제다. 위험 요인 확인을 충분히 할 수 없으며, 수정체의 백탁화(白濁化)에 의한 조명도 부족도 더해지므로 중요한 위험 요인을 보지 못할 가능성이 높다.

따라서 위험 요인이 존재하는 직장에서는 가능한 한 조명도를 높고 밝게 유지하고, 위험 요인을 발견하지 못하도록 방해하는 장애

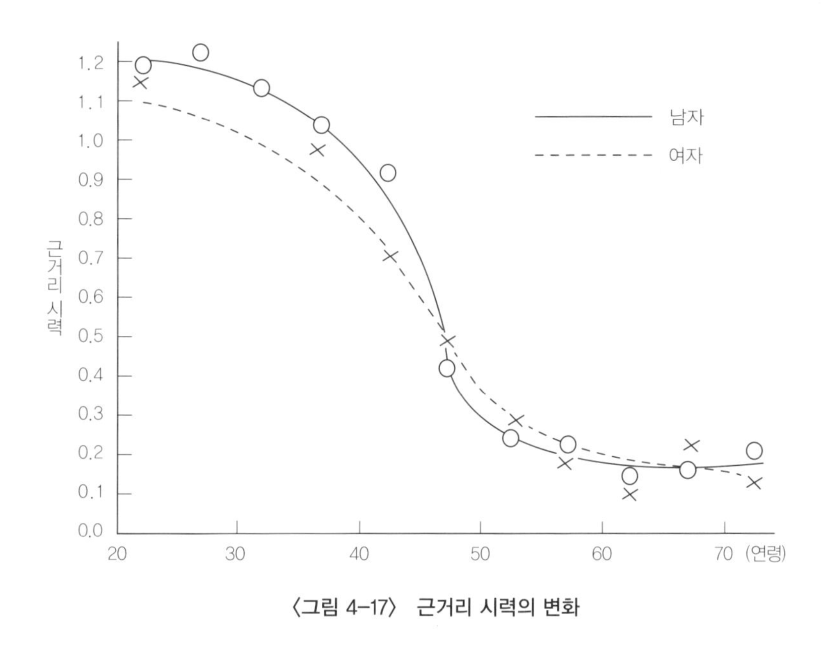

〈그림 4-17〉 근거리 시력의 변화

물을 제거해 작업 도구 등이 눈에 띄기 쉬운 환경을 조성하는 것이 좋다. 가능하면 작업 설비 등을 붉은색이나 노란색 등으로 착색하는 것 같은 방책도 필요하다.

청력에 대한 가령의 영향은 다음 페이지의 〈그림 4-18〉과 같다. 이 그림에서 특징적인 것은 50세가량까지는 어떤 주파수의 소리에 대해서도 변화를 보이지 않는데, 55세를 지나면 고주파 부분의 청력이 극단적으로 낮아진다는 점이다. 직장 등에서 듣지 않으면 안 되는 중요한 소리, 예컨대 경계음 등이 고주파음이라면 고령자에게는 들리지 않아 사고가 일어날 수 있다.

청력 저하는 당연히 평형감각에 영향을 미친다. 사고를 경험한

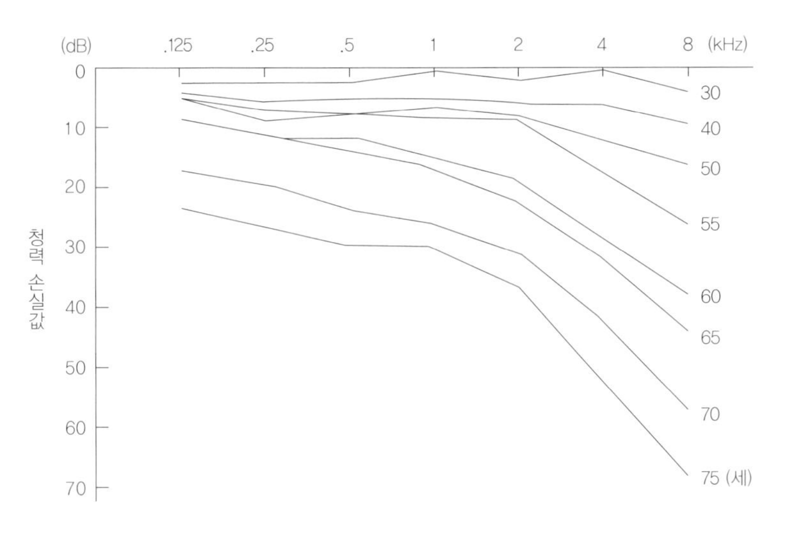

〈그림 4-18〉 가령에 의한 청력 변화

적 있는 고령자 무리와 무사고자 무리로 하여금 눈을 감은 채 한쪽 발로 서 있게 하고서 그 시간을 측정했더니 전자가 매우 빨리 발을 내렸다. 즉, 고령자의 기능 저하 중에서도 평형감각 저하는 사고로 이어지기 쉽다. 특히 높은 장소에서 작업하는 경우 그 가능성이 더욱 커진다.

근력

근력과 가령의 관계에도 흥미로운 경향이 보인다. 〈그림 4-19〉는 신체 각 부위의 근력과 가령의 관계를 나타낸 것이다. 그림에서 보듯이 가령의 영향을 가장 빨리 받는 것은 각력(脚力), 즉 다리의 힘이다. 각력은 시력의 경우와 아주 비슷해 50세까지 급속히 떨

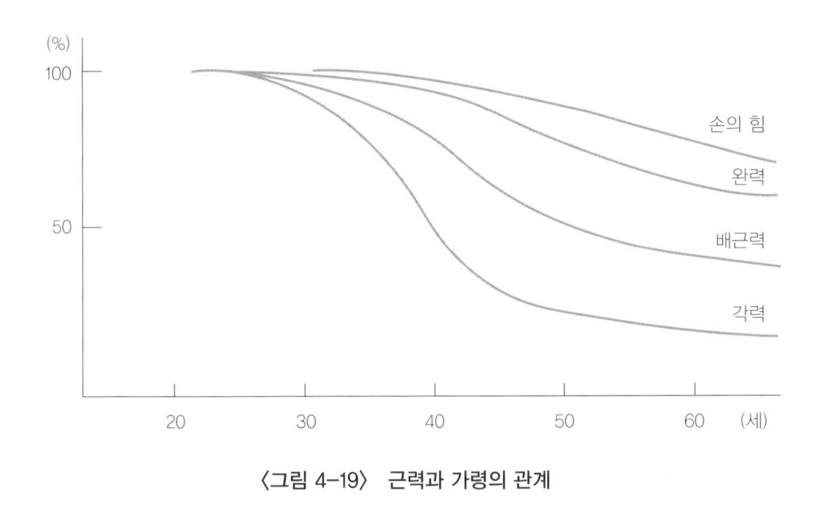

〈그림 4-19〉 근력과 가령의 관계

어진다. 완력(腕力)은 각력의 감소보다 조금 느리게 줄어들고, 손의 힘이나 손가락 힘이 줄어드는 속도는 그보다 더 느리다.

안전과 근력의 관계는 밀접하다. 나이를 먹음에 따라 근력이 약해지므로 종래와 같은 작업이라도 지속적으로 하지 못하고 쉬 피로해진다. 또 근력 저하를 스스로 깨닫지 못하고 무거운 것을 들어 올리다가 요통을 겪는 등의 문제가 발생한다. 특히 각력 저하는 높은 곳에서 하는 일 등 긴장을 동반하는 작업에서 다리가 휘청거려 사고를 입을 위험성을 높인다.

성격의 특징

고령자는 일반적으로 주의가 깊고 신중하며 일을 깔끔하게 한다. 열심히 일할 뿐 아니라 회사를 생각하는 주인 의식이 철저하고 도덕성이 높다는 특징을 가지고 있다. 이런 바람직한 특징이 있는 반면, 완고하고 보수적이어서 새로운 시대 변화에 잘 적응하지 못한다는 문제점도 있다.

전자의 바람직한 특징은 오랜 세월 동안 몸에 익혀 온 기능의 폭이 넓어 베테랑으로 발전한 현상이며, 이에 비례해 자부심도 높다. 이런 의식이 기업과의 일체감과 어우러져 몸에 깊이 배어 있어 고령자는 높은 도덕심을 갖는다.

후자는 대뇌 중추의 기능 저하로 대뇌의 유연성이 떨어져 새로운 환경과 새로운 기술에 대응할 수 있는 유연성도 사라짐으로써 적응이 힘들어지는 현상이다. 물론 대뇌 기능이 낮아지면서 이해력 저하도 발생한다. 이런 결과 때문에 과거의 영광과 기억만을 고집하는 성격이 되어 버리는 것이다. 그런 이유로 다른 사람으로부터 완고하고 융통성이 부족하다는 소리를 듣게 된다.

이런 의식 경직화는 작업 안전에도 크게 영향을 미친다. 예컨대 안전 순서를 준수하도록 지도를 받아도 '아직은 괜찮다'라는 기분이 지나치게 드러나 자신의 각력이나 완력 혹은 시력 등의 저하를 무시하고 무리한 작업을 고집해 부상을 입는 경우가 종종 있다.

제품이나 제조 방법도 시간이 지나면서 달라지는데, 그것에 적응하려 하지 않고 옛날을 생각하며 그대로 고집하는 것은 안전 문제는 물론 품질 향상 면에서도 바람직하지 못하다.

(3) 가령과 안전

이처럼 고령자에게는 신체적 · 정신적으로 큰 변화가 나타난다. 따라서 고령자와 사고의 관계에 대한 사고방식이 점차 달라지고 있다.

이전의 55세 정년 시대에 연령과 작업 사고의 관계에 대해 수집된 데이터를 분석한 결과, 20대의 사고율이 가장 높고 그 후 나이가 높아지면서 사고율이 감소하는 곡선을 그렸다. 따라서 인간공학 연구자 사이에서는 '사고는 가령과 더불어 줄어든다'라는 견해가 원칙이 되어 있었다. 이것은 어쩌면 고령자의 노하우가 높다는 점과 주의 깊은 특성이 강하게 반영된 것일지 모른다.

정년 60세 시대를 맞아 연령과 사고율의 관계를 데이터로 다시 살펴보면 젊은이의 사고율이 높은 경향은 옛날과 변함없지만, 의외로 고령자의 사고율도 높다는 결과가 드러난다. 즉, 연령을 가로축으로 하면 사고율은 U자형이 된다.

이처럼 고령자의 사고율이 변화한 원인은 앞서 들었던 감각 능력 저하, 각력 등의 근력 저하, 성격 변화에 의한 자신의 기량과 능력 과신 등의 경향이 퇴직 연한 상승과 함께 뚜렷하게 드러났기 때문이다.

그렇다면 고령자에게 사고가 일어나지 않도록 하려면 어떻게 해야 할까?

적성 검사 실시

고령자의 사고를 막기 위해서는 먼저 직장에 있는 고령자의 기능 및 능력을 적확하게 파악해야 한다. 정기적인 건강 진단뿐만 아니라 직무에 대응한 적성 검사 역시 정기적으로 실시하는 것이 첫째 요건이다.

예컨대 높은 장소에서의 작업을 담당하는 고령 작업자에게는 눈 감고 한쪽 다리로 서는 테스트를 실시해 균형감각을 검사한다. 바로 넘어지거나 하는 등 평형감각에 문제가 있는 경우 그 작업 현장 자체를 안전하게 할 수 없으면 지상에서 일하도록 환경을 바꿔 주는 것이 바람직하다.

직장 재설계

고령자 대책에는 직장 전환과 직무 재설계가 있다. 전자의 배치 교체는 고령자가 가지고 있는 경험을 무시하는 것이기도 하므로 직장의 사기가 저하될 우려가 있다. 또 고령자가 안심하고 일할 수 있는 환경은 젊은이들과 중 · 고령자도 일하기 쉬운 직장임에 틀림없다.

고령자는 분명 시력이나 신체의 근력이 저하하고 있다. 의욕적인 점은 바람직하지만, 의욕만으로는 무거운 것을 들어 올릴 수 없다. 따라서 고령자가 일하는 직장은 시력을 보완하는 도구를 비치해 두거나 무거운 것을 취급하는 크레인, 기중기, 수레 등을 도입하는 등 여러 가지를 개선하고 강구해 작업 내용이 고령자에게 안전하고 즐거울 수 있도록 재설계할 필요가 있다.

직무 재설계를 살펴보자. 우선 직장에서 작업자가 어떤 자세로 작업하고 있는지, 또 그 자세가 작업자에게 어떤 부담을 주고 있는지 파악할 필요가 있다. 평가 수법으로는 예를 들면 다음 페이지의 〈그림 4-20〉처럼 필자가 고안한 작업 자세 구분이 있다. 이 그림을 바탕으로 현장에 어떤 작업 자세가 존재하는지를 기록한다. 〈그림 4-20〉의 평가 점수는 각 작업 자세의 부담 정도와 대응시키고 있다. 그러므로 이때 5점 이상을 '바람직하지 않은 작업'으로 정의한다면 이 작업들이 4점 이하가 되도록 개선해 간다. 이 자세들에 '변형'이 가해지면 1.2를 곱해 평가 점수를 수정한다. 요즘은 휴대용 컴퓨터를 사용해 현장에서 자세를 측정할 수 있다.

직무 재설계는 직장 환경에 따라 다양하게 실시할 수 있지만, 여기서는 트럭의 짐받이를 보강하는 작업 현장의 예를 소개한다. 이 직장에서는 크레인으로 1.5톤 트럭의 짐받이를 매달고, 그 바로 아래에서 두 명의 작업자가 짐받이에 보강재를 장치하는 작업을 하고 있었다. 당연히 짐받이 추락으로 인한 인재 사고 위험뿐 아니라 상향 작업 자체가 작업자에게 큰 부담을 주었다. 그래서 157페이지의 〈그림 4-21〉과 같이 유압 회전 장치를 갖춘 장치에 크레인으

구분	평가점수	자세	동작 내용	구체적인 예
J	10		무릎을 깊숙이 구부리고 허리에서 상체를 앞으로 숙인다.	발뒤꿈치는 들고 있다(수영의 스타트 직전 자세).
I	6		무릎을 펴고 허리에서 상체를 앞으로 깊숙이 숙인다.	90° 이하  / 이 자세로 무릎이 구부러져도 동일
H			무릎을 구부린 채 허리에서 상체를 앞으로 구부린다.	 45~90°(허리) 0~45°(무릎)
G	5		무릎을 펴고 허리에서 상체를 앞으로 숙인다.	 45~90° / 발에 장애물이 있어도 동일
F			웅크린 자세(발뒤꿈치가 붙어 있다.)	발뒤꿈치가 떨어지면 무릎이 앞으로 나온다. / 구분 (J)
E			무릎을 펴고 상체를 가볍게 앞으로 숙인다.	 30~45° 무리한 자세로 보인다면 / 구분 (G)
D	4		무릎을 가볍게 구부리고 상체를 약간 앞으로 숙인다.	 0~30° 선 자세에서 무릎이 가볍게 구부러진다.
C	3		선 자세로 등을 편다(발뒤꿈치가 떠 있다).	눈 위치보다 높이 있는 물건을 잡는 자세
B	1		선 자세	 0~30° 등줄기가 펴져 있다.
A			앉은 자세	 무릎이 바닥에 붙은 자세도 포함

〈그림 4-20〉 작업 자세 구분별 평가

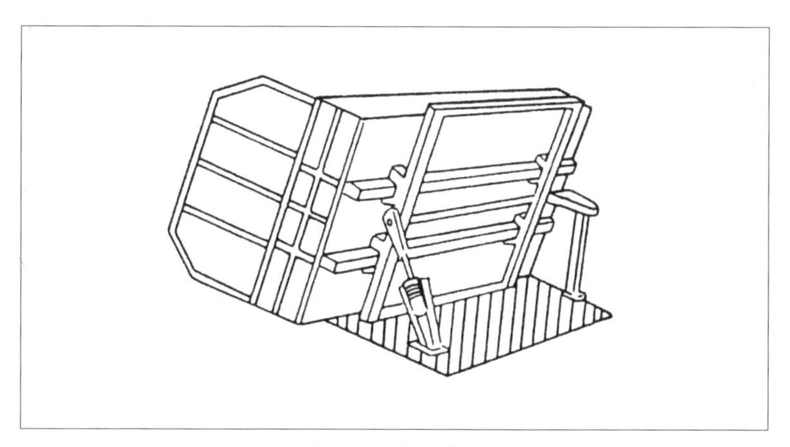

〈그림 4-21〉 짐받이 반전 장치

로 짐받이를 내리고 유압 장치로 짐받이를 수평 위치로부터 78도 회전시켜 작업할 수 있도록 개선했다. 그 결과 자세가 편안한 가로 방향 작업으로 고쳐졌을 뿐 아니라, 이 변경으로 두 명이 하던 작업이 한 명으로도 가능해졌다. 결과적으로 직무 재설계에 의해 작업이 안전하고 편안해져 힘을 덜게 된 것이다.

이처럼 고령자의 특성을 충분히 이해하고 작업 개선과 직무 재설계를 실시하면 고령자가 일을 안전하고 효율적으로 할 수 있다.

제5장

교통사고의
심리 및 생리와 방지 대책

1. 운전과 시각

현대 사회에서는 자동차를 이용하지 않는 생활을 상상하기 힘들다. 그 정도로 자동차와 우리 삶은 긴밀하게 연결되어 있다. 최근에는 가족 단위를 넘어 개개인이 차를 소유하는 미국형 자동차 사회에 가까워지고 있다. 하지만 그만큼 교통사고가 늘어나고, 사망 사고 건수도 줄어들지 않고 있다.

현대의 '총'이라고도 할 수 있는 교통사고에도 산업 재해 발생과 마찬가지로 인간의 행동 원리가 작용하고 있다. 따라서 지금부터 하는 설명에서도 인간공학적 원리는 산업 재해 발생에 얽힌 원리와 거의 같다. 하지만 여기서는 교통사고의 전형적인 현상으로 한정한다.

자동차 운전 중에는 좌우로부터 무엇이 접근할지 알 수 없는 경우가 많다. 가장 위험한 교차로에서는 신호등을 봐야 할 뿐만 아니라 다른 차의 움직임에도 신경을 기울이지 않으면 안 된다. 안전 운전이 운전사의 시력과 관련이 깊다는 사실은 틀림없다. 그런데 인간의 가장 좋은 시력은 ±1도의 범위밖에 되지 않는다고 한다(115페이지의 〈그림 4-5〉 참조). 그 이유는 안구의 중심에 있는 중심와에 시각 세포가 집중되어 있기 때문이다. 보이는 범위를 낮춰 잡아도 겨우 +10도 내지 -10도에 지나지 않는다. 이 경우에는 시력이 크게 저하된다.

보이는 범위는 작다. 따라서 운전사는 전방과 좌우에 어떤 움직임이 있는지를 이해하기 위해 주시점을 좌우로 움직이지 않으면 안 된다. 베테랑 운전사와 초보 운전사에게 아이카메라를 장착해 주시점을 움직이는 방법을 조사해 보면, 베테랑 운전사는 좌우로 넓게 보고 있으나 초보 운전사의 눈 방향은 한군데 집중되어 있어서 범위가 좁다는 것을 알 수 있다. 또 초보 운전사는 백미러나 사이드미러에 눈길을 자주 주지 않는다.

일반적으로 사람들은 좌우의 안구로 평소에 좌우를 널리 보고 있다고 생각하기 때문에 인간의 시각 범위가 의외로 좁다는 것을 이해하기 어려울지 모른다. 이것을 이해하기 위해 간단한 실험을 해보자. 집게손가락을 눈앞으로 내밀어 손가락의 지문이 보이는지 확인한다. 그리고 눈을 움직이지 말고 집게손가락을 서서히 오른쪽으로 이동시킨다. 지문이 즉시 보이지 않게 될 것이다. 보이지 않게 되었을 때의 집게손가락 위치가 시력의 한도다.

인간의 시력 범위가 좁다는 것을 충분히 이해하면, 교차로나 사람이 많이 왕래하는 길과 같은 장소에서는 눈을 좌우로 두리번거리면서 움직여야 한다는 것을 납득하게 될 것이다. 좌회전할 때 시선을 제대로 응시하고 있으면 충돌 사고도 일어나지 않는다. 전방을 모두 보고 있다고 생각하는 것은 인간의 착오에 지나지 않는다는 것을 모든 운전사가 이해하면 교통사고가 조금이나마 줄어들 것이다.

2. 밤의 증발 현상

한밤중에 집으로 급히 돌아가던 운전사의 자동차가 횡단하고 있던 보행자와 도로 중앙에서 충돌해 보행자가 사망한 사고가 있었다. 목격자는 없었다. 운전사는 시속 40킬로미터 정도로 운전했지만 보행자가 횡단하는 것을 보지 못했으며, 보행자가 도로 중앙 부분에서 갑자기 일어서는 것처럼 보였다고 증언했다. 자살하려는 사람 같았다는 것이다.

필자는 법원으로부터 이 사망 사고에 대해 사고 감정 의뢰를 받은 후 그런 일은 일어날 리 없다고 생각하고 야간 실험을 한 적이 있다. 1965년 초 무렵이었다.

실험 결과 뜻밖의 사실을 알게 되었다. 〈그림 5-1〉과 같이 헤드라이트를 점등한 차(A)와 역시 헤드라이트를 켠 대향차(B)가 엇갈리는 경우를 상정해 보라. 이 두 대의 자동차들 사이를 보행자 한 명이 횡단하는 실험이다. 그 결과 A차 운전사의 눈에는 다음과 같은 현상이 일어났다.

① 도로 우측에서 횡단하기 시작한 보행자가 보이지 않았다.

② 대향차의 헤드라이트 두 개를 가로지를 때만 보행자가 보였다. 그러나 그 모습은 밝은 배경에 검은 실루엣으로 밖에 보이지 않았다.

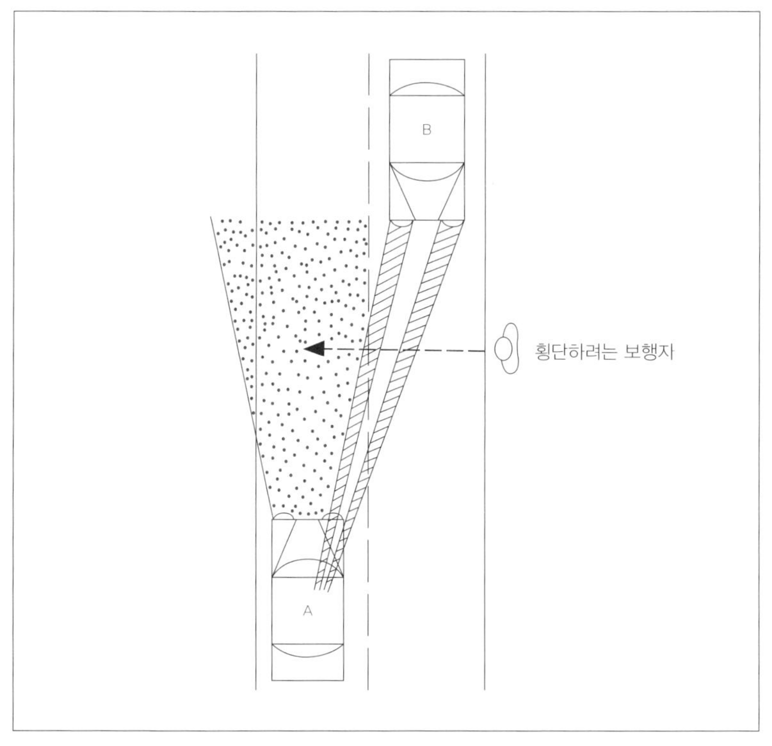

〈그림 5-1〉 야간 운전 중의 증발 현상

③ 보행자가 중앙선을 넘어서 좌측 부분으로 들어왔을 때 비로소 보행자를 발견할 수 있었다.

실험을 여러 차례 되풀이해도, 운전사를 교체해 봐도 위의 결과가 동일하게 나타났다. 실험 결과를 간단히 정리해 보면, 보행자가 A차 운전사에게 보이는 것은 대향차의 헤드라이트 빛이 가려질 때뿐이다. 보행자가 자동차의 헤드라이트에 비춰 보여야 하는데도 보이지 않기 때문에 이것을 '증발 현상'이라 한다.

이런 현상이 왜 생기는 것일까? 보행자의 모습을 운전사가 알 수 있는 것은 A차의 헤드라이트가 반사한 빛이 되돌아와 운전사의 망막에 영상을 맺기 때문이다. 그러나 A차 운전사의 눈은 강력한 다른 빛의 방해를 받아 약한 반사광으로 되돌아온 보행자의 모습을 보지 못했다. 그 결과 보행자의 모습은 도로 좌측 부분에서는 마치 증발한 것처럼 눈에 들어오지 않고 다만 헤드라이트를 가로지를 때만 실루엣처럼 보이는 것이다. 그리고 보행자가 B차의 헤드라이트에 영향을 받지 않는 도로 중앙 부분에서야 비로소 A차 운전사의 눈에 들어온 것이다. 그러므로 마치 보행자가 도로 한가운데에서 갑작스럽게 튀어나온 것처럼 보이는 것이다.

증발 현상에 대한 안전 대책은 다음과 같다.

① 야간 운전 중 대향차와 스쳐 지나게 될 경우에는 증발 현상이 발생한다는 사실을 이해해야 한다.

② 대향차와 자신이 운전 중인 차가 겹쳐 당연히 보이리라 생각되는 것은 단순한 착각에 지나지 않는다는 점을 이해해야 한다.

③ 대향차가 접근함으로써 증발 현상의 위험성도 늘어나므로 브레이크 위에 발을 올리고 속도를 조금씩 늦추어 언제든지 브레이크를 밟을 수 있는 준비 태세를 갖추고 주의해 통과해야 한다.

④ 대향차의 헤드라이트 방향을 보면 시야가 현혹되므로 시선을 왼쪽으로 약간 돌려 운전해야 한다.

필자도 이 감정 실험을 한 후 두 차례 정도 증발 현상을 경험했다. 위기일발 상태에서 사고를 간신히 피할 수 있었지만, 증발 현상에 대해 알지 못했다면 사고를 일으켰을 것이다. 보행자를 발견할 수 있는 것은 보행자가 도로 중앙 혹은 좌측에 있는 경우뿐이므로, 그때 알아차리고 브레이크를 밟더라도 늦었을 것이다.

보행자 입장의 안전 대책은 다음과 같다.

① 횡단보도를 이용할 것. 횡단보도에는 대부분 신호등이 설치되어 있으며, 신호등이 없더라도 조명등이나 바닥의 횡단보도 표시가 있어 운전사가 보행자를 발견하기 쉽다.

② 횡단보도가 없는 곳을 건널 때에는 자신에게 가까운 쪽을 달리는 차(오른쪽 방향에서 왼쪽 방향으로 달리는 차)가 통과한 다음에 건너야 한다. 혹은 오른쪽 방향에서 왼쪽 방향으로 가는 차의 열이 끊어져 충분한 간격이 있다고 판단이 설 때 건너야 한다.

③ 증발 현상에서 의복의 색상은 아무 상관이 없다. 흰옷을 입으면 운전사의 눈에 잘 띌 것이라는 생각은 착각이다.

3. 추돌 사고와 그 방지

추돌 사고는 끊이지 않고 발생하고 있다. 추돌 사고는 대부분 전방 부주의가 원인이 되어 일어난다. 교차로 혹은 고속도로의 요금소에서 잠시 정차하고 있는 차에 추돌하거나, 앞서 가던 차가 속도를 줄인 직후에 추돌하는 등, 앞서 가는 차의 상태 변화에 대응할 수 없는 운전을 하는 것이 원인이다. 물론 추돌에는 차간 거리가 짧은 것도 이유에 포함된다.

교차로나 요금소는 차가 정지할 가능성이 많은 '위험 구역'이다. 교차로에서는 진행 방향이 녹색 신호더라도 다른 차의 움직임에 대응해 앞서 가던 차가 급브레이크를 밟는 경우가 많다. 따라서 이런 위험 구역에서는 전방 주시는 물론 어떤 변화에도 대응할 수 있는 상태로 운전하지 않으면 안 된다. 그런데도 이때 전방을 주시하지 않는 사람들이 많다. 교차로에 접어들어도 고개를 조수석으로 돌리고 있거나 요금소 직전에 돈을 찾거나 하는 광경이 드물지 않다.

추돌 사고를 방지하기 위해서는 교차로 등의 위험 구역(그림 5-2)에 접어들면 머릿속에 위험 구역이라는 의식을 떠올리도록 한다. 이때 '교차로'라든가 '요금소'라고 입 밖으로 내어 말하는 것이 의식을 유도하는 계기가 될 수 있다. 이런 습관이 익숙해지면 위험 구역에 접어들었을 때 의식이 자연스레 강화되므로 앞서 가는 차나 보행자에 대한 주의력이 높아진다.

추돌 사고에 관한 또 하나의 문제는 신체적 조건, 즉 안구의 구조에 있다. 112페이지의 〈그림 4-4〉에서 색상을 느끼는 원뿔 세포의 분포는 망막의 중심 부분에 치우쳐 있다고 언급했다. 즉, 중심와의 좌우 70도 범위다.

앞서 가던 차가 브레이크를 밟으면 차체 후미의 제동등(붉은색)이 점등하기 때문에 뒤따라 오는 차를 운전하는 운전사는 원뿔 세포로 그것을 파악하고 브레이크를 밟아 정지한다. 그렇기 때문에 제동등의 위치가 뒤따라 오는 차 운전사 눈의 70도 범위를 벗어나 있으면 운전사는 제동등이 점등한 것을 감지할 수 없다. 즉, 172페이지의 〈그림 5-3〉에 나타난 상태가 그것이다. 이처럼 운전사가 오른쪽 방향 혹은 왼쪽 방향에 신경을 쓰고 있으면 차간 거리를 충분히 지키고 있더라도 앞서 가는 차의 제동등이 보이지 않아 추돌을 피하기 힘들다.

이 같은 추돌 사고에서 뒤따라 오는 차 운전사는 이해할 수 없다

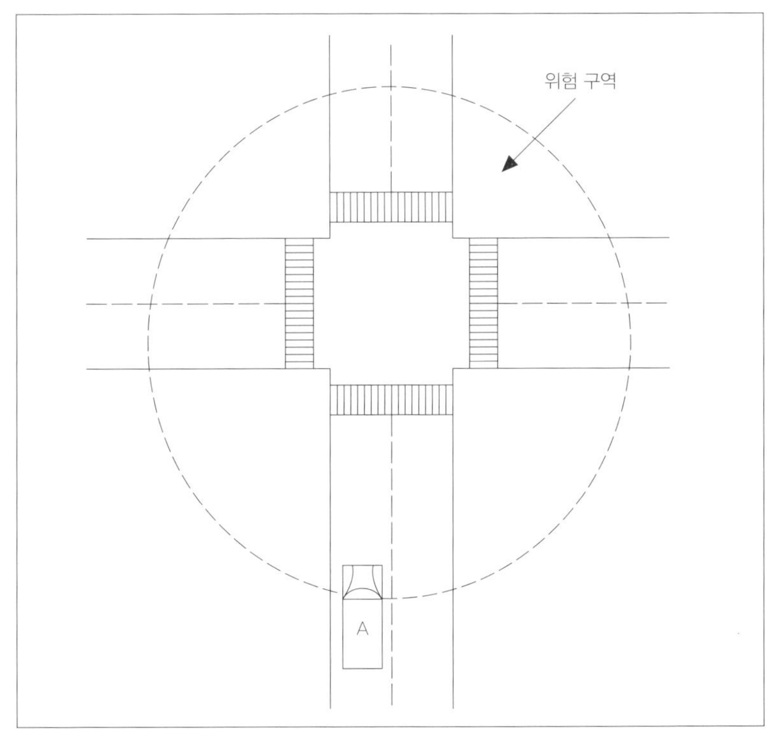

〈그림 5-2〉 위험 구역의 의식
(점선의 원 안이 위험 구역. 그림은 A차가 이 구역에 들어왔음을 나타낸다.)

고 생각하게 된다. 본인은 충분히 차간 거리를 지켜 운전하고 있었는데, 앞서 가는 차의 운전사가 급브레이크를 밟았기 때문에 사고가 난 것이라며 덤벼들기도 한다. 자신으로서는 납득할 수 없기 때문이다.

그 이유가 35도 범위에 감추어져 있다. 이 현상은 간단하게 체험할 수 있다. 표면이 붉은색으로 칠해진 붉은색 연필을 왼손에 쥐고 전방으로 내민 채 한쪽 눈을 감고 머리를 천천히 좌우로 돌려 보

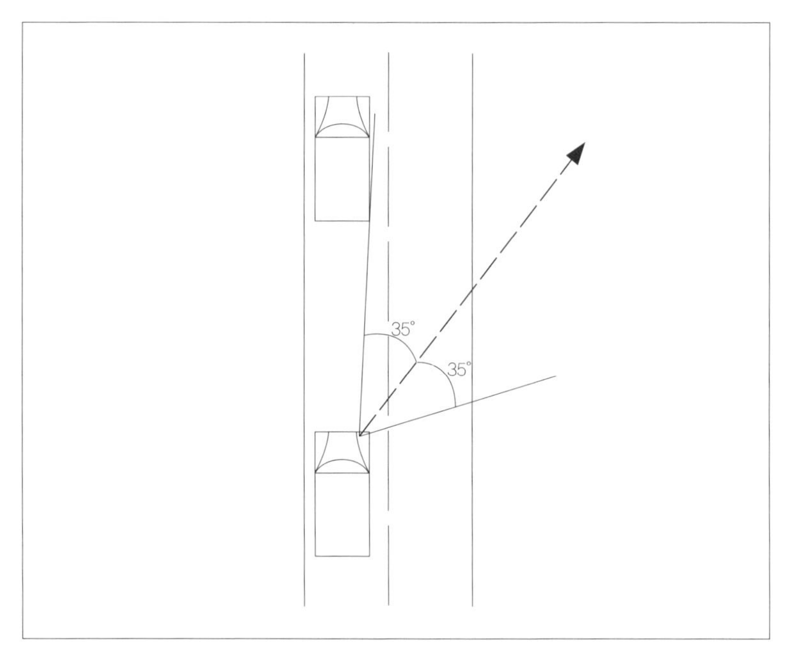

〈그림 5-3〉 앞서 가던 차의 제동등이 보이지 않는 조건

라. 35도 부근까지 돌리면 그때까지 보이던 붉은색이 엷어지고 마침내 붉은색을 식별할 수 없게 된다. 이번에는 붉은색 연필과 푸른색 연필을 동시에 왼손에 쥐고 같은 실험을 되풀이해 보라. 붉은색이 보이지 않게 되어도 푸른색 연필의 푸른색은 아직 보인다. 즉, 푸른색이 보이는 범위가 붉은색이 보이는 범위보다 넓기 때문이다.

인간의 시각에는 이런 한계가 있으므로 어떤 장소에서 차를 정지하는 경우라도 브레이크 페달을 자주 조금씩 밟음으로써 제동을 걸고 있다는 사실을 뒤따라 오는 차의 운전사에게 알리는 것이 중요하다.

4. 졸음운전 사고

차를 운전하면서 누구나 한 번쯤 졸음을 느낀 적이 있을 것이다. 특히 장거리 운전을 하다 보면 졸음이 오기 쉽고, 심야 시간이나 피로 등의 조건이 더해지면 졸음운전 가능성이 더 높아지게 마련이다. 운전을 하고 있으면 왜 졸음이 오는지 제4장에서도 말했지만, 여기서는 운전의 특성에서 원인을 찾아 그 대책을 알아보도록 한다.

우선 운전사의 안구를 통해 들어오는 시각적인 자극이 결핍되는 것이 한 가지 이유다. 눈앞으로 보이는 것은 도로, 가로수, 산, 논밭 등 특별히 변화가 없는 풍경이다. 풍경을 눈으로 좇으면서 즐기는 조수석과는 달리 운전사에게는 그런 여유로움이 없다. 야간에는 자극이 더욱 줄어들고, 게다가 끊임없이 이어지는 중앙선은 인간에게 리듬과 같은 자극을 주어 졸음을 느끼게 한다.

또 야간은 119페이지의 〈그림 4-6〉에서 본 것처럼 이른 아침까지 인간의 바이오리듬이 내려가는 시간대이므로 판단 능력도 당연히 둔해질 수밖에 없다.

두 번째는 운전 조작이 핸들 조작과 페달을 밟는 것에 한정되어 있고, 그래서 단시간에 상황에 익숙해져 대뇌를 활성화하는 자극을 만들어 내지 못해 잠을 초래하게 된다. 이것은 125페이지의 〈그림 4-8〉에서 설명한 것과 같이 뇌간 망양체 부활계가 근활동에 의한 근방추로부터의 자극으로 충전되지 않은 것이 원인이다.

운전은 행위 그 자체가 단순하고 리드미컬하기 때문에 졸음을 불러온다. 따라서 졸음운전은 다음과 같은 몇 가지 방법을 적당하게 활용하면 막을 수 있다.

① 운전하기 전날 특별히 피곤한 일을 하거나 밤늦게까지 놀지 말라.

② 야간 운전은 가급적 피하라.

③ 운전 중에 단조로움을 느끼면 창문을 열거나 노래를 부르는 등의 행동을 취해 스스로를 자극하라.

④ 자극하는 행동을 해도 단조로움을 계속 느낀다면 껌을 씹으라. 껌을 씹으면 입 주위의 많은 구활근(근방추를 포함하고 있

다)을 움직이므로 뇌간 망양체 부활계가 자극된다.

⑤ 눈이 살포시 감기며 기분 좋은 졸음기를 느낀다면 차를 즉시 정지하라. 잠시뿐이라며 방심하면 다음 순간 충돌 사고가 일어난다. 차에서 곧바로 내려 기지개를 켜거나 몸 전체를 움직이는 체조를 해 근방추에 강한 자극을 주도록 한다.

⑥ 그래도 졸음기가 가시지 않으면 차를 아예 멈춘 채 차 안에서 잠깐이라도 눈을 붙여라.

5. 음주운전 사고

"마시려거든 타지 말고, 타려거든 마시지 마라"라는 표어가 보급되어 있다. 그런데도 술에 취해 운전하는 일이 줄어들지 않고 있다. 여기서는 음주운전의 나쁜 이유를 인간의 생리적, 심리적인 면을 들어 설명하고자 한다.

122페이지의 〈그림 4-7〉을 다시 생각해 보자. 대뇌는 2층으로 되어 있으며, 정중앙 부분에 구피질이, 그 위에 신피질이 덮여 있다. 구피질은 동물적 본능 역할을 하는 뇌, 신피질은 인식이나 판단을 맡은 뇌다. 이 신피질은 술을 마시면, 예컨대 맥주 중간 크기 한 병, 청주 한 홉을 마시면 영향을 받는다. 마실수록 신피질의 기능과 판단력이 저하되고, 구피질을 조절하는 힘도 약해진다.

이 상태로 차를 운전하면 신피질의 기능이 저하해 있기 때문에 속도감을 느끼지 못해 과속하거나 일정치 않은 속도로 달리게 된다. 속도뿐만이 아니다. 판단력 저하 때문에 차선을 지키지 못하고 지그재그로 운전하게 된다. '나는 술을 마셔도 문제없어'라고 중얼거리면서 이상하게 운전한다. 뒤에서 보면 음주운전임을 즉시 눈치챌 정도인데도 말이다.

더욱 중요한 것은 술을 마시면 반응하는 데 지장이 생긴다는 점이다. 인간은 외부의 상황을 눈으로 파악한 뒤 후두엽, 두정엽, 근육계 순서로 〈그림 5-4〉의 경로를 거쳐 손발을 움직인다. 그런데 술을 마셔 신피질이 마비되면 차가 노선에서 벗어나 있는 상태를 후두엽에서 판단하는 데 시간이 걸리고, 그 상태를 정상 위치로 수정하더라도 오류가 생기며, 그 실수를 고치는 데 또 시간이 걸린다. 실수에 실수가 겹쳐 마침내 사고가 일어난다. 이것을 '실수의 증폭'이라고 한다.

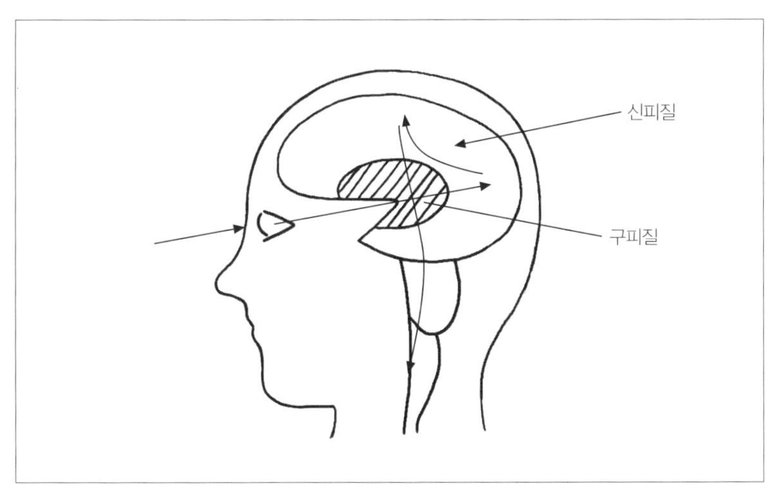

〈그림 5-4〉 외적 자극이 전해지는 경로(화살표)

이 상황에서 고속으로 차를 몰고 있으면 실수의 증폭은 더욱 커진다. 예컨대 핸들을 제대로 다루지 못해 반대 차선으로 뛰어들어 트럭과 충돌하는 등의 사태가 벌어지는 것이다.

또 음주의 작용으로 구피질을 조절하는 신피질의 힘이 약해져 있으므로 대뇌는 자기중심적인 상태가 되어 있다. 이런 상태일 때는 "술을 마셨으니 운전을 하지 말라"라는 충고를 들어도 귀를 기울이지 않는다. 그뿐만이 아니다. 신피질의 조절이 효과가 없으므로 구피질이 강해져 있어 '나는 괜찮아.' 하며 차에 올라탄다. 술을 마신 후에는 아무리 설득을 해도 듣지 않는 것이 구피질의 특징이다.

어느 경찰서 망년회에서 참가자 전원이 승용차를 서에 두고 나갔다. 망년회가 끝난 후에도 전원이 택시를 타고 집으로 돌아가도록 되어 있었다. 그런데 그중 한 명이 술을 마시고 나자 갑자기 차가 없으면 다음 날 출근하기 불편할 것이라는 생각에 택시를 불러 서로 돌아갔다. 그리고 차를 몰고 집으로 돌아가던 중에 사고를 냈다. 베테랑 경찰관조차도 구피질에 지배당할 수 있는 것이다.

술을 많이 마시면 구피질이 마비된다. 즉, 구피질이 마비될 정도면 술을 엄청나게 많이 마셨다고 보면 된다. 구피질은 그만큼 생명력이 있다.

무엇보다 명심할 점은 술을 마시면 운전을 아예 하지 않는 것이다.

6. 고령화와 자동운전

1993년 5월 5일 어린이날의 신문 기사 내용에 따르면, 14세까지의 연소자 인구 비율이 16.1퍼센트이며, 반대로 65세 이상의 노년 인구 비율이 14.4퍼센트로 증대하고 있다고 한다. 고령화 사회로의 진행과 더불어 운전을 즐기는 고령자가 늘어나고 있다.

나이가 많다고 해서 정책적으로 운전면허에 차별을 둘 수는 없다. 하지만 고령 운전사의 사고 발생 가능성은 당연히 높다. 앞장 제8절에서도 설명한 바와 같이, 사람은 가령과 함께 대부분의 기능이 저하된다. 그 결과 운전에서는 아래와 같은 현상이 나타난다.

① 시력 저하가 가장 뚜렷하다. 그래서 바깥 풍경을 상세하게 파악하기 어렵고 가까운 곳도 보기 어려워진다. 예컨대 장소를 표시하는 안내 표지의 글자를 읽기 어렵고, 속도계를 빨리 볼 수 없으므로 교차로 등에서 머뭇거리게 된다. 시력 외에도 안

구의 백탁화가 생기므로 야간 조명이 매우 어둡게 느껴진다. 그것을 돕기 위해 가로등이나 안내 표지의 조명을 밝게 하면, 이번에는 눈부심 현상이 심해져 눈이 쉽게 피로해진다. 또 다른 문제는 안구에 황반화가 생겨서 바로 눈앞에 황색 필터를 씌운 것 같은 상황이 되는 것이다. 따라서 청색 표지나 문자가 필터에서 완전히 사라져 버린다. 표지는 크기뿐 아니라 색깔도 바로 보아야 한다. 이런 이유로 교통 신호의 '청색'을 좀 더 녹색계로 할 필요가 있지 않을까 하는 생각이 들기도 한다.

② 나이가 들면 청력 또한 저하된다. 150페이지의 〈그림 4-18〉에 나타난 것처럼 소리의 크기 자체가 줄어서 들리지 않는 것이 아니라, 고주파 부분이 잘 들리지 않게 된다. 예를 들면 구급차의 사이렌은 고주파다. 그런데 구급차가 사이렌을 울리면서 가까이 와도 알아차리지 못하는 경우가 고령자에게는 종종 있다. 구급차 운전사는 이런 사정을 알아 두어야 하는 한편, 고령 운전사는 무슨 소리가 들리면 즉시 주위를 살피는 습관을 지녀야 한다.

③ 가장 중요한 문제는 가령과 더불어 반응 시간이 길어지는 것이다. 반응 시간은 위험 상황을 지각하고 나서 어떻게 하면 좋

은지를 생각하기까지의 판단 시간과, 브레이크를 밟기까지의 동작 시간으로 나누어진다. 〈그림 5-5〉는 이 두 가지 시간을 각 연령별로 측정한 결과다. 나이가 많아지면서 동작 시간도 느려지고, 이에 비례해 판단 시간도 뚜렷하게 길어진다. 즉, 동작에 요구되는 시간은 나이에 따른 차이가 그다지 크지는 않다(그래도 두 배 정도다). 하지만 어떤 일이 일어나거나 어떻게 하면 좋은지를 판단하는 데 걸리는 시간은 가령과 더불어 증대한다.

예를 들면 대향차가 좌회전함으로써 전방으로의 운전이 방해를 받는 경우에 직진차 운전사는 브레이크를 밟거나 핸들로

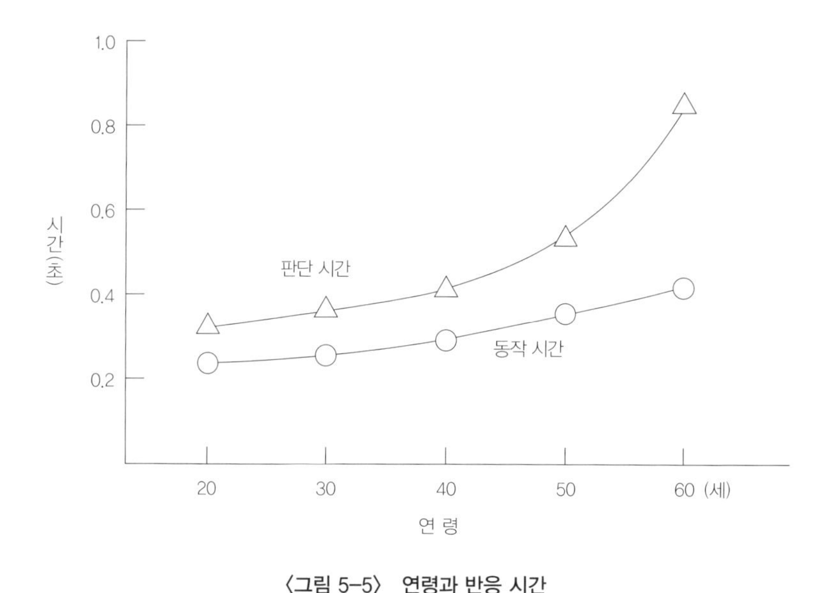

〈그림 5-5〉 연령과 반응 시간

피하고, 그래도 안 될 경우 경적을 울려야 한다. 고령자는 이런 판단을 하는 데 시간이 걸리며, 동시에 부적절한 의사 결정, 예컨대 처음부터 무턱대고 경적을 심하게 울리는 등의 행위를 해 버린다.

반응 시간 전체가 길어지는 문제를 고령 운전사는 제대로 이해하지 못한다. 일단 보기에 신체 노쇠와 비례해 이를 깨닫기 어려운 점도 있지만, 성격적인 완고함이 그것을 방해하는 것이다.

고령화에 따르는 교통 문제에는 고령 운전사뿐만 아니라 고령 보행자도 포함된다.

① 나이가 많아지면 걷는 속도가 느려진다. 걷는 속도는 젊은이의 경우 1초당 0.8~1.0미터 정도이지만, 고령자는 0.5~0.6미터 정도다. 젊은 사람의 약 절반 정도로 느려진다. 다리나 발에 장애가 있으면 더욱 느려진다. 따라서 횡단보도에서도 보행자용 신호가 점멸하기 시작하고 나서 횡단을 하면 당연히 다 건너기 전에 적신호가 되는 경우가 많다. 이 점은 행정 당국의 개선이 필요한 사항이라고 생각한다.

② 또한 성격이 완고해져서 독선적인 행동을 하는 것도 문제다.

교통 법규를 무시하거나 차가 직진하고 있는데 그 앞을 아무렇지 않게 걸어가는 '용감한' 노인도 흔히 볼 수 있다.

고령과 교통 문제에 대해 정리해 보면, 운전사든 보행자든 상관없이 고령자는 나이가 들어 감에 따라 자신의 신체와 심리가 어떻게 변하고 있는지를 이해해야 한다. 그 자각에 입각해 어떤 위험에 둘러싸여 있는지 생각하고 안전하게 행동하기 위해 노력해야 할 것이다. 머지않아 일본인 네 명 중 한 명이 65세가 넘은 노인이라는 고령화 사회가 도래할 것을 생각하면 다수의 고령자가 생활하기 쉬운 사회가 되도록 모든 것을 바로잡는 작업을 시작하는 행정 당국의 역할이 절실하다.

제6장

무재해를 실현하는 안전 교육

1. 구피질과 신피질

여러 가지 사고와 인적 실수가 발생하는 이유를 지금까지 인간의 생리와 심리 면에서 이론적으로 기술했다. 이러한 이론들을 바탕으로 여기서는 재해가 사라지는 효과적인 안전 교육을 해설하고자 한다. 본론에 들어가기 전에 이제까지의 이론을 간단하게 정리해 보자.

(1) 재해 발생과 관련된 3대 요인

앞서 말했듯 재해와 사고나 인적 실수의 발생에는 세 가지 큰 요인이 관계하고 있다(49페이지의 〈그림 2-5〉 참조). 첫 번째는 '기계 설비나 도구, 환경 등'의 요인이다. 기계 설비 · 환경에 위험 요인, 예컨대 기계의 회전 부분이나 개구부 혹은 기름기 있는 바닥 같은 문제가 있으면 접촉, 삽입, 전도에 의해 부상을 당하게 된다.

두 번째는 '인적 요인', 즉 작업자인 인간이 문제 요인을 가지고 있을 때다. 작업 의욕과 기업에 대한 충성심이 희박하면 일을 대충 하게 되어 위험 요인에 무심코 접촉하는 경우가 많아진다. 또는 귀찮아하는 마음이 앞서 안전 규칙을 무시하고도 괜찮을 것이라고 여기는 바람에 결과적으로 사고를 당하기도 한다.

세 번째가 '관리 요인'으로, 부하직원의 도덕심 저하를 상관하지 않는 관리자, 혹은 도덕심을 향상시키는 지혜를 가지고 있지 않은 관리자는 안전 의식을 높이려 하지 않아 안전 관리에도 소홀하다.

이러한 3대 요인들과 관련된 산업 재해와 인적 실수가 일어난다. 이 가운데 영향력이 가장 큰 것이 인적 요인이다. 기계 설비에 포함되어 있는 위험 요인이야말로 부가가치를 만들어 내므로 완전히 배제할 수는 없다. 따라서 기계 설비가 가지고 있는 위험 요인에 작업자가 접촉하지 않도록 하는 것이 기본적인 안전 대책이다. 하지만 회전하는 부분에 덮개를 씌우는 등 물리적인 안전 대책을 해 놓더라도 눈에 보이지 않는 위험 요인이 나타난다. 예를 들어 고속으로 회전하고 있는 롤러에 손을 내밀지는 않겠지만, 정지하기 직전이라 회전 속도가 떨어졌을 때 틈으로 손을 넣어 롤러를 빨리 정지시키려 하는 수가 있다. 이렇듯 눈에 보이지 않는 위험 요인을 끄집어내는 것이 인적 요인인 것이다.

관리의 미흡도 인적 요인의 일종이다. 인간의 행동 원리를 알지 못한 채 '주의만 하면 사고는 없다'는 무지함이나, 위험 요인이 눈에 보이는데도 그것을 개선하라는 지시를 하지 않는 자세 등은 관리 · 감독자의 옷을 입고 있으면서 '관리하는 것을 알지 못하는' 인적 요인의 문제다.

이렇게 보면 3대 요인 가운데 '인적 요인'의 원리를 앎으로써 다른 두 가지 요인을 근절할 수 있다.

(2) 구피질의 작용

이런 인적 요인이 재해로 이어지는지 아닌지는 신피질과 구피질의 관계에 좌우된다고 앞서 설명했다. 즉, 인간의 대뇌에는 자기중심적이고 감정적인 역할을 하는 구피질과 그것을 에워싸듯이 덮고 있는 신피질이 있으며, 전자에 대한 후자의 조절 유무가 사고와 인적 실수의 원인에 관련되어 있다.

구피질은 즐겁고 게으른 것을 좋아하기 때문에 번거롭고 성가신 것은 가능한 한 피하도록 작용한다. 꼼꼼한 절차 등은 당연히 귀찮아하면서 생략해 버린다. 구피질을 원점으로 해 생기는 행위는 모두 안전 규칙에 반하고 있으므로, 결과적으로 구피질의 행위는 사고의 발생 가능성을 높인다. 여기서 신피질에 의한 제어가 효과를 발휘하지 못하면 가능성이 현실화되어 사고로 이어진다.

이를 통해 인적 요인의 나쁜 면은 구피질이 원인이라고 할 수 있다. 제2장의 커터칼 관련 사고와 서까래를 사다리로 사용해 발생한 사고, 제3장에서 다룬 산업용 로봇을 수리하다가 발생한 인적 실수도 모두 구피질이 원인이었다. 또 최신 항공기 사고에서는 인공지능과의 갈등에 감정적으로 대응한 것이 원인이지만, 그 기본에 구피질이 작용했다고 할 수 있다.

그러므로 구피질의 작용을 억제하면 재해와 인적 실수는 가능성 단계에 머무를 뿐 발생하지 않게 된다. 그러기 위해서는 신피질의 판단 능력을 강화해 객관력을 작용시켜 구피질에 대한 제어가 효과를 발휘하도록 할 필요가 있다.

작업자에게 작용하는 구피질을 제어하고 강화하려면 말로 하는 주의나 서면으로 작성한 규칙 따위는 도움이 되지 않는다. 인간의 심리에 맞춘 훈련으로 위험 요인을 발견하는 감수성을 육성해야 하고, 그럼으로써 태만한 기질을 억제할 수 있는 힘을 기르게 하는 안전 교육을 하지 않으면 안 된다. 그런 안전 교육으로서 NKY(새로운 위험 예지 훈련)가 있다. NKY에 대해서는 후에 상세하게 소개할 것이다.

2. 안전의 3층 이론

대뇌를 신피질과 구피질로 나눌 때 후자인 구피질이 불안전 행위 발생에 큰 영향을 미친다는 사실을 알게 되었다. 그러나 이 두 가지 특질을 가진 대뇌의 작용을 안전 교육으로 직접 이끌 수는 없다. 그러므로 '안전의 3층 이론'이라는 심리적인 변환이 필요하다.

다음 페이지의 〈그림 6-1〉을 보자. 인간을 심리학적으로 표현하면 그림처럼 3층이 된다. 신피질은 3층 가운데 위로부터 두 번째 층, 즉 '지혜 레벨'과 '가치관 레벨'에, 구피질은 맨 아래의 '감정 지배 레벨'에 해당된다. 여기서는 신피질의 작용을 세분화해 본다.

(1) 지혜 레벨

지혜 레벨은 인간의 지적인 면을 드러내어 언어를 사용하거나 일의 기술과 지식을 깨닫고 판단하는 등의 기능을 가진다. 지혜 레벨

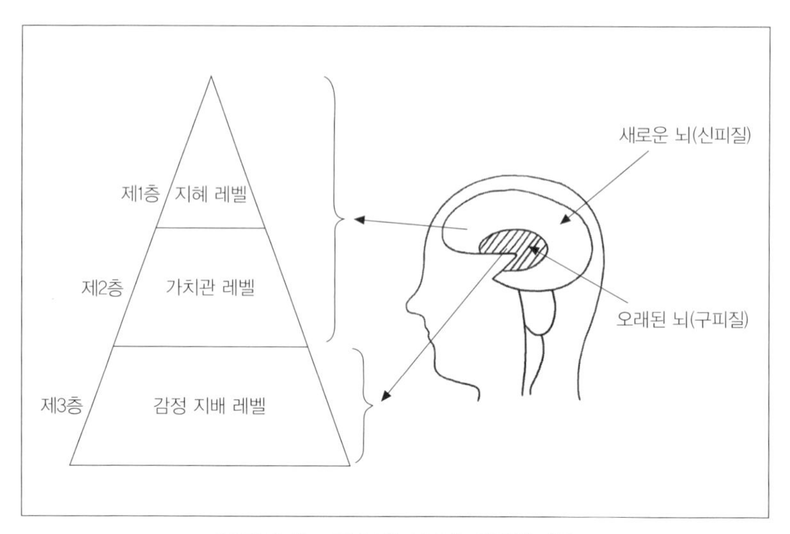

〈그림 6-1〉 대뇌 기능과 3층 이론의 대응

이 낮으면 어떤 일을 할 때라도 올바른 도구 사용이나 진행 순서를 알지 못하므로 미숙한 동작을 하게 된다. 결과적으로 지식이 부족한 행동에 의한 사고를 일으킬 수 있다. 지혜 레벨이 높으면 충분한 지식과 경험, 판단력을 가지고 있으므로 어떤 경우에라도 이러한 능력을 구사해 꼼꼼하고 안전한 작업을 할 수 있다.

안전 교육에서는 지혜 레벨을 확대하는 방향으로 훈련해야 한다.

(2) 가치관 레벨

'가치관 레벨'이란 각각의 경우에 무엇이 중요한지를 의식하고 그 방향으로 행동을 일으키는 에너지다. 차를 잠시 멈추고 용무를 보는 경우에도 '잠깐인데 뭐' 하고 사이드브레이크를 당기지 않는 것과, '잠깐이라도' 차가 움직여 튀어나갈지 몰라 사이드브레이크를 당기는 행위는 가치관 측면에서 큰 차이다. 전자에서는 무엇이 중요할까 하는 의식 속에 사이드브레이크가 들어 있지 않으며, 후자에서는 그것이 사고방식에 새겨져 있다. 양자 가운데 어느 하나를 취해야 할 때 인간은 더 중요한(혹은 이득이 있는) 것을 택한다. 그것이 가치관의 방향이다.

안전 의식이 강한 사람은 가치관(사고방식)이 안전한 방향으로 작용하지만, 안전 의식이 약한 사람은 가치관이 제멋대로 작용해서 터무니없는 행동을 하는 경우가 많다. 또 가치관 레벨은 그 아래의 감정 지배 레벨(구피질)에 가깝기 때문에 감정(구피질)의 작용을 강하게 받는다. 그러므로 구피질이 강하면 가치관도 안전과는 반대 방향으로 작용한다.

안전 범주에서 말하면 가치관 레벨은 '안전 의식'과 동의어이므로, 구피질이 강하다는 것은 안전 의식이 낮음을, 구피질이 약하다는 것은 안전 의식이 높음을 의미한다.

안전 교육을 통해 가치관 레벨을 육성할 때 구피질 교육도 동시에 할 필요가 있는 것은 앞서 말한 이유 때문이다. 가치관 레벨을 올바른 방향으로 움직이게 함으로써 역으로 구피질을 억제하는 것도 가능하다. 앞으로 이야기할 NKY 트레이닝에서는 지혜 레벨과

가치관 레벨을 동시에 강화함으로써 구피질(감정 지배 레벨)을 약화하고자 한다.

(3) 감정 지배 레벨

감정 지배 레벨은 기본적으로는 구피질의 작용과 완전히 같다. 자신의 감정대로 자기주장을 하고 자기중심적인 행동을 하는 특성이 있다.

이 레벨이 높은 사람은 규제를 싫어하며, 번거롭고 귀찮은 일을 피하려 한다. 기분에 따라 멋대로 생각하고 행동하므로 안전한 순서 따위는 귀찮아하며, 그 순서에 따르지 않고 함부로 행동하거나 생략한다. 그 결과가 불안전 행위가 되어 사고로 이어진다.

예컨대 강한 감정 지배 레벨에서 운전하고 있는 운전사는 앞을 달리고 있는 자동차나 자전거가 성가시다고 생각해 경적을 울려 위협한다. 실제로 경적을 울려도 상황은 전혀 변하지 않는데도 귀찮다는 내면의 생각을 억누르지 못해 그렇게 행동하는 것이다. 감정 지배 레벨이 낮은 사람은 같은 상황에서도 충돌하면 상대가 상처를 입을 것이라고 예지하고 서서히 뒤따르면서 상황을 보아 피하는 등 신중한 행동을 한다.

3층 원리를 기본으로 한 안전 교육의 목표는 다음과 같다.

① 감정 지배 레벨을 가능한 한 낮춘다.

② 그 결과로서 안전 의식, 즉 가치관 레벨이 안전한 방향으로 작용하도록 강화한다.

③ 지혜 레벨을 높여 안전과 업무에 관한 지식을 늘리고 판단력을 키운다. 그와 동시에 감정 지배 레벨을 억제하는 힘을 강화한다.

④ 안전 교육에서 구피질의 작용을 줄이고 신피질의 역할을 강하게 하는 것을 동시에 실시함으로써 효과를 최대화한다.

구피질, 즉 감정 지배 레벨을 낮추는 방법은 자신이 이제까지 경험한 구피질 행위를 떠올리고 그것을 신피질(여기서는 지혜 레벨과 가치관 레벨)에서 살펴보는 것이다. 또는 구피질 행위 그 자체를 신피질 입장에서 조망한다. 이로써 구피질 행위가 전혀 무의미하다는 것, 혹은 사고의 원인이 된다는 것을 자각하도록 한다(이것을 '자기 통찰'이라고 한다).

또 신피질과 구피질 두 가지 모두 같은 교재로 훈련해야 한다. 신피질 훈련만으로는 구피질이 나오지 않으므로 기본적으로 '태도 변용(變容)'을 실현할 수 없기 때문이다. 그리고 구피질만 훈련하면 감정 발로만으로 끝나 버려 행동을 제어하는 힘이 될 수 없다.

이러한 포인트를 충분히 고려해 교육 효과 실현을 목표로 한 방법이 다음에 이야기할 NKY 트레이닝이다.

3. NKY 트레이닝 진행법

NKY 트레이닝(새로운 위험 예지 훈련)은 다음 페이지의 〈그림 6-2〉와 같이 4단계로 진행한다.

◥ 준비

① 피훈련자를 56명씩 그룹 짓는다.

② 그룹 짓기가 끝나면 그룹마다 리더와 서기를 선출한다. 이후 리더의 사회로 4단계 토의를 진행한다.

③ 모두에게 훈련용 시트(그림 6-3)와 NKY 기록 용지(그림 6-4)를 배포한다.

◢ 트레이닝

• 1단계 = 위험 요인 발견과 구피질(20분)

훈련용 그림을 보고 "다음 순간 어떤 일이 일어날지 예측하고, 일

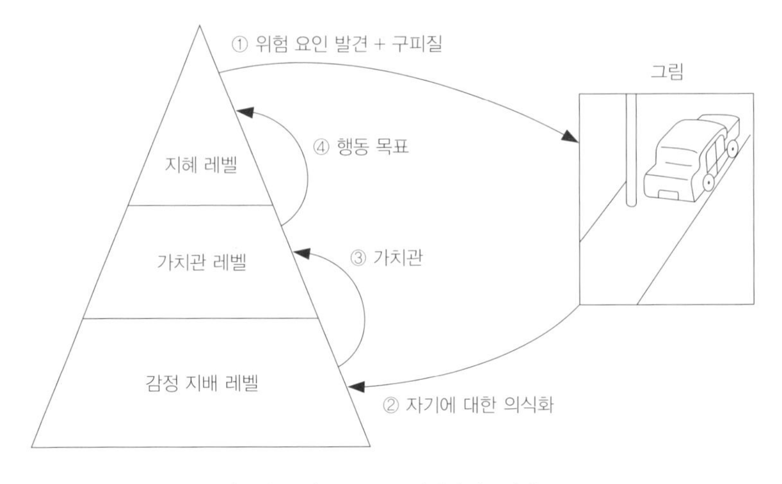

〈그림 6-2〉 NKY 트레이닝의 4단계

어날 듯한 사정을 기록 용지에 기입하십시오. 그리고 그 일에 잠재해 있는 구피질의 작용도 기입하십시오."라고 설명한다.

① 기입 시간은 5분으로 한다.

② '일어날 듯한 일' 란에는 예컨대 '전봇대에 부딪친다'든가 '자전거와 충돌한다' 등 가능한 한 많은 것을 적어 넣는다.

③ 다음은 해당 '구피질' 란에 핸들을 쥐고 있을 때 투덜거리고 있는 내용을 기입한다. '이런 곳에 자전거를 두다니'라거나 '백미러를 보며 신나게 달려야지' 등을 적어 넣는다.

④ 5분이 지나면 기입을 멈추고 적어 넣은 내용을 모조지에 베껴 적도록 한다.

 후진하고자 했더니 뒤쪽에 물체가 있다.

기업개발센터

〈그림 6-3〉 훈련용 시트

① 다음 순간 어떤 일이 일어날 것 같은가? 그리고 그 이면에 숨어 있는 구피질은?

일어날 듯한 일	그 구피질

② 이런 경우 어떻게 해야 할까? 또 안전한 순서는?

어떻게 해야 할 것인가?	안전한 후진 순서

③ 이 문제에 대한 그룹의 안전 목표와 당신 개인의 안전 행위 기준은?

그룹의 안전 목표	당신의 안전 행동 기준

〈그림 6-4〉 NKY 트레이닝 기록 용지

• 2단계=자기에 대한 의식화(10분)

리더는 "훈련용 그림에서 자동차가 좁은 길에서 후진하려는 중입니다. 이 상황과 상관없이 후진 중에 사고가 났다거나 깜짝 놀랐다거나 하는 등의 자기 체험을 한 명씩 이야기해 주세요. 반드시 그때의 구피질이 어땠는지를 잊지 말고 덧붙이세요." 하고 지시하고 리더 자신부터 자기 체험을 이야기한다.

예컨대 "회사 주차장에 차 한 대가 들어갈 수 있는 공간을 발견하고, 그곳에 후진으로 차를 넣으려 했을 때의 일입니다. 백미러와 룸미러를 보며 주위에 사람이 없는 것을 확인하고 후진을 하던 중 깜짝 놀라 브레이크를 급히 밟았습니다. 다시 뒤돌아보니 동료 한 명이 차 뒤쪽을 지나고 있었습니다. 그대로 후진했더라면 그를 치었을 것입니다"라고 체험을 먼저 이야기한 다음 이어서 "이때의 구피질을 이야기하자면, 창을 열고 뒤를 보았다면 좀 더 빨리 그를 발견했을 것입니다. 여느 때처럼 '백미러만 봐도 충분해'라고 생각한 것이 잘못이었습니다." 작은따옴표 부분이 구피질이라고 평가하는 일이 중요한 점이다. 이 구피질이 드러나지 않으면 다른 사람이 "그때의 구피질은 어땠습니까?"라고 묻도록 유도한다.

모두 다 발표하면 다음 단계로 넘어간다.

• 3단계=가치관 육성(15분)

2단계에서 차를 후진시킬 때 놀란 경험이 있었음을 그룹의 전원이 알게 되었다. 그러므로 여기서는 같은 체험을 이용해 '사물에 대한 사고방식'을 양성한다.

리더는 "이제 원래의 그림으로 돌아가 안전하게 후진하기 위해서는 어떻게 해야 할지 각자 생각합니다. 그런 다음 5분 동안 기록용지에 기입하십시오."라고 지시한다.

'어떻게 해야 할 것인가?' 란에 '자동차에서 내려 방해되지 않는 위치로 자전거를 옮긴다'거나 '전방으로 가서 유턴해 돌아온다' 등의 생각을 적어 넣을 것이다. 이러한 안전한 운전 방법을 문장으로 표현한 다음 이름과 함께 모조지에 기입한다. 모두 기입하고 나면 리더는 다시 한 번 읽고 강조해 그 의식을 주입시킨다.

다음으로 의견을 기입한 모조지를 보면서 다 함께 안전한 후진 방법에 대해 토의하고 '안전한 후진 순서' 란에 기입한다. 예컨대 ① 레버를 주차로 하고, ② 사이드브레이크를 당긴 다음, ③ 시동을 끄고, ④ 좌우전후를 살핀 후 문을 열고 내린다 등과 같이 행동 순서를 기입하는 것이다. 업무 전에 준비하는 작업 순서 요령도 이와 같다. 또한 '좁은 길에 들어가지 않는다', '유턴해 돌아온다' 등의 각오를 포함해 조목별로 정리해 두면 훨씬 이해하기 쉬울 것이다.

• 4단계=안전 목표(5분)

3단계에서 기입 · 정리한 순서를 리더가 읽으면서 "이 순서 가운데서도 가장 중요하고, 모두가 그다지 실행하지 않는 항목을 살펴봅시다"라고 제안한다. 전원이 의논해 한 가지로 의견을 모으고, 그것을 '그룹의 안전 목표' 난에 '우리는 후진할 때 ○○를 한다'라고 적어 넣는다.

이어 후진할 때의 운전에 관한 소속원 각자의 행동 목표를 결정해 '당신의 안전 행동 기준'에 적어 넣는다. 예를 들어 '나는 후진할 때는 반드시 창문을 열고 뒤를 봅니다' 등과 같이 구체적으로 표현하게 한다.

마지막으로 모조지의 제일 아래 칸의 '그룹의 안전 목표'에 기입하고 리더의 신호에 따라 전원이 손을 맞잡고 안전 목표를 제창하면서 마무리한다.

4. NKY는 왜 효과가 있을까?

제1장에서 서술했듯이 NKY를 도입한 회사 대부분이 도입 시점부터 사고 건수가 급격히 감소했고, 경우에 따라서 경미한 부상조차 일어나지 않을 정도로까지 개선되었다. 사고가 거의 사라진다는 것은 NKY 안전 교육법에 분명 중요한 포인트가 있음을 의미한다.

그 포인트 가운데 하나는 구피질을 표출할 기회를 갖는다는 것이다. 1단계에서 위험 요인과 함께 그 배후에 잠재해 있는 구피질을 기입하도록 하는 작업이 그것이다. 이 단계에서는 그림을 사용해 거기에 그려진 불안전 행위를 지적하도록 하고, 그때의 구피질을 생각하게 하는 것이다. 자신의 불안전 행위는 아니므로 장난삼아 지적하고, 그 배경이 되는 구피질을 생각나는 대로 표출한다. 다른 사람의 행위이기 때문에 저항감 없이 구피질이 나올 것이다. 이때 '저항감 없이'가 매우 중요하다. 처음부터 자신의 구피질을 나오게 하면 자신을 감싸고 있는 틀 안에 감추려 할 것이다. 안전 훈련은 자기 인식이라는 심리적 트레이닝이 목표이기 때문에 그 틀을 깨뜨리도록 하는 것이 결정적으로 중요하다. 굳이 그림이 아니더라도 만화나 다른 사람의 사례를 사용해 말하기 어려운 것을 발언할 수 있는 심리 상태로 유도한다. 그렇게 하면 다음에 자신의 행위도 솔직하게 토로할 수 있다.

이 방법은 자기 카운슬링이라고도 할 수 있다. 카운슬링으로 행동을 변용하거나 자기 혁신에 이르는 과정은, 격식을 벗어던지고 있는 그대로의 자기 자신을 발견하도록 하는 과정이다. 이 과정을 통해 어느새 자기를 분석하는 힘을 얻어 스스로 더욱 좋은 인간이 될 수 있다. 이 수준에 이르면 자신이 깜짝 놀랐던 체험이나 사고 경험 등을 다른 사람에게 이야기할 수 있는 상태가 된다. 이때 구피질의 자기 자신을 신피질의 자신이 바라보고 분석하는 자기 분석의 심리 상태가 되고, 그것에 의해 자기 인식(자기 통찰)의 힘이 생긴다.

떠올리고 싶지 않은 자신의 체험을 다른 사람 앞에 드러내는 것은 분명 고통스러울 정도로 매우 용기 있는 행위로서 고통을 수반한다. 이 점만 보면 그렇게까지 무리해야 하는지에 대한 의견도 나올 것이다. 하지만 우선 중요한 것은 산업 재해나 인적 실수에는 구피질의 작용이 관련되어 있다는 점이다. 그렇기 때문에 구피질이 나오도록 하는 단계에서 도망쳐 버리면 앞서 언급한 이론에 근거한 이 트레이닝 효과가 반감된다. 또 하나 중요한 것은 자신의 구피질 체험을 이야기하도록 강요하는 것도 의미가 없다는 사실이다. 그렇기 때문에 진심을 자연스럽게 토로할 수 있는 상태로 이끌기 위해 1단계를 설정해 둔 것이다. 그리고 각자 자신이 깜짝 놀란 체험을 이야기하는 2단계에서도 놀란 경험이 없다고 말하는 사람이 틀림없이 나온다. 대부분 관리자나 여성이며, 주변 사람을 의식하는 사람들이다. 이런 경우에도 리더는 "조수석에 타고 있었을 때 운전하던 사람이 일으킨 상황이라도 좋습니다."라고 간접적인 표출 기회를 만들어 주는 것이 좋다. 이런 사람들에게는 시간이 필요하기 때문에 시간을 두고 서서히 접근하면 결국 구피질을 토로하게 된다.

이러한 방식으로 자신을 올바로 직시하게 되면 자신의 행위를 정리하는 힘이 생긴다. 이것은 신피질 부분에서 일어나며, 행동 규범을 만드는 것으로 연결된다. 그리고 구피질의 작용을 조절할 수 있는 힘으로 강화되어 간다. NKY는 카운슬링이나 행동 요법 등의 심리학이 오랜 역사를 통해 창조해 온 이론을 토대로 구축된 일종의 심리 요법이다.

두 번째 포인트는 '행동 규범'을 만드는 것이다. 인간이란 본래 다른 사람으로부터 명령받는 것을 싫어해 강제된 지시를 지키려 하지 않는다. 그런데 모두가 토론한 결과로서의 규칙이 된 약속은 자신의 기준과 규범이 되어 행동을 제약하는 힘을 갖는다. 이 경우 안전 교육에서의 규범이기 때문에 "○○합니다"가 규칙이 되어 그것에 반하는 행동을 억제하게 되므로 결과적으로 정해진 행위를 지키게 되는 것이다.

이 NKY는 소집단 활동을 기본으로 한 트레이닝이므로, 자신도 그룹 활동에 참가해 발언하고 결정한다. 참가한 그룹 내에서의 토의나 의사 결정은 정신적으로 참가자에게 큰 힘을 주고 제약을 가하며 동기를 부여해 정해진 사항을 준수하게끔 만든다. 이것이 세 번째 포인트다.

NKY 트레이닝은 과학적인 근거를 바탕으로 학문적인 이론 위에 구축된 자기 혁신 진행법이기 때문에 이러한 포인트들을 이해하고 활용하면 효과가 높다. 기록 용지에 기입하는 견본을 다음 페이지의 〈그림 6-5〉에 나타냈다. 다만 이것은 해답이 아니다. 이런 식으로 토의해 나가면 NKY 효과가 생긴다는 것을 보여 주는 예시로 참고하기 바란다.

NKY를 처음 도입해 훈련하는 것을 NKY 트레이닝 혹은 NKYT라고 하며, 트레이닝이 끝난 다음 정기적으로 활동하는 것을 NKY 활동이라고 한다.

① 다음 순간 어떤 일이 일어날까? 그 이면에 숨어 있는 구피질은?

일어날 듯한 일	구피질
① 전봇대에 부딪친다. ② 자전거에 부딪친다. ③ 강에 빠진다. ④ 벽에 부딪친다. ⑤ 자전거를 가지러 온 어린이와 부딪친다. ⑥ 강에서 놀다 올라온 어린이와 부딪친다. ⑦ 앞에서 오던 차와 부딪친다. ⑧ 뒤에서 오던 차와 부딪친다. ⑨ 가까이 있던 아주머니와 부딪친다.	① 이 길로 들어가라고 한 게 누구였지? ② 잘 살폈더라면 좋았을걸. ③ 대체 누가 이런 데 자전거를 세워 둔 거야? ④ 부딪쳐 무너져 내려도 모를 거야. ⑤ 회사 차인걸. 알 게 뭐야? ⑥ 길이 너무 좁아. 좀 더 넓힐 수 없었나? ⑦ 후진을 하다니. 잘한다. ⑧ 내려서 뒤를 확인하는 것은 귀찮아. ⑨ 창을 열고 얼굴 내미는 일은 귀찮아. ⑩ 하필 이럴 때 다른 차가 올 게 뭐람.

② 이럴 경우에 어떻게 해야 할까? 또 안전한 순서는 무엇일까?

어떻게 해야 할까?	안전한 순서
준호: 전방으로 가서 유턴한다. 민영: 조수석에 앉은 사람이 유도하도록 한다. 철수: 아주 천천히 후진한다. 상희: 내려서 뒤를 확인한다. 재훈: 자전거를 앞으로 이동시키고 나서 후진한다.	① 출발하기 전에 지도를 보고 어떤 길인지 미리 확인한다. ② 길이 좁으면 근처의 주차장에 주차를 한다. ③ 가능한 한 후진하지 않고 전진해서 유턴한다. ④ 동승자에게 유도해 줄 것을 부탁한다. 후진할 때 ① 사이드브레이크를 당기고 차를 멈춘다. ② 시동을 끈다. ③ 양옆과 앞뒤를 확인하고 벨트를 푼 다음 문을 천천히 연다. ④ 강에 떨어지지 않도록 주의하면서 내린다. ⑤ 차 뒤로 돌아 차 위치 등을 살핀다. ⑥ 자전거를 언덕 쪽으로 옮긴다. ⑦ 차로 돌아가 창을 연다. ⑧ 머리를 내밀고 보면서 강에 떨어지지 않도록 천천히 후진한다. ⑨ 신경이 쓰이는 곳에 차를 멈추고 앞뒤를 자세히 살핀다.

③ 이 문제에 대한 그룹의 안전 목표와 각자의 안전 행동 기준은?

그룹의 안전 목표	각자의 안전 행동 기준
후진할 때는 반드시 내려서 뒤쪽을 확인한다.	준호: 차에서 내리는 습관을 들인다. 민영: 백미러를 항상 깨끗이 해 둔다. 철수: 후진은 천천히 한다. 상희: 좁은 길에는 진입하지 않는다. 재훈: 귀찮아하지 말고 몸을 움직인다.

〈그림 6-5〉 NKY 트레이닝 기록 용지(그룹 토의 견본)

5. NKY 활동

(1) 트레이닝

앞장의 도입용 트레이닝에서는 차로 후진하고 있는 그림을 이용했다. 필자는 이제까지 많은 트레이닝에 참가해 차를 후진시키는 것 말고 다른 행위를 그림으로 그려 시험해 왔지만, 결과적으로 이 그림이 가장 좋았다. 차 운전은 구피질이 나오기 가장 쉬운 환경이며, 조금 귀찮은 상황을 만드는 것 또한 구피질을 나오기 쉽게 한다. 1단계부터 4단계까지 트레이닝에 요구되는 총 50분은 도입 트레이닝이라는 점을 감안해 NKY 순서를 소속원이 모두 이해하고 깨닫는 데 필요한 시간이다.

도입 트레이닝이 끝난 다음부터는 각 회사의 사례를 사용해 트레이닝을 실시한다. 시간도 도입 트레이닝 시간보다 짧게 한다.

① 참가자의 대부분이 사고 상황이나 장면을 알고 있는 사례를

나타낸 그림을 이용하십시오.

② 또 회사의 사례를 이용하면 3단계 다음에 '개선 단계'를 설정하십시오.

③ 토의 시간이 단축되도록 시간 설정을 연구하십시오. 예컨대 도입에서 사용한 기록 용지를 생략하고 처음부터 모조지에 멤버의 의견을 기입해도 활동에 문제는 없습니다. 마지막으로는 30분 정도를 목표로 한 가지 주제가 끝나도록 진행하는 방법을 강구하십시오.

회사의 사례에 의한 주제를 고르는 경우에 〈그림 6-6〉의 '안전한 순서' 란은 사고 당시와 같은 상황에서 취해야 했던 올바른 순서를 말하지만, 상황 그 자체를 개선한 것이 더욱 바람직하기도 하다. 따라서 200페이지의 〈그림 6-4〉의 포맷에 '개선' 항목을 추가하고(그림 6-6), 그 상황이나 도구 · 설비 가운데 문제가 있는 것에 대해 논의해 '해당 상황의 문제점'에 기입하고, 개선을 위한 제안을 모두 생각한 다음 그 결과를 '개선점'에 기입한다. 도면을 준비해 두면 효율적으로 진행할 수 있으며 효과도 높아진다. 또 개선하기까지 시간이 걸리므로 마지막 란의 '그룹의 안전 목표'는 개선 실시까지의 잠정적인 안전 목표 의미로 바꾸어 읽도록 설정한다. 2회째 트레이닝은 개선의 논의가 추가되므로 여기에 10분을 배당하면 총

40분 정도 걸릴 것이다.

① 다음 순간 어떤 일이 일어날 것 같은가? 그리고 그 배경에 숨어 있는 구피질은?

일어날 것 같은 일	구피질

② 그런 경우에 어떻게 해야 할까? 또 안전한 순서는?

어떻게 해야 할까?	안전한 순서

[개선]

이 경우의 문제점	개선점

③ 이 문제에 대한 그룹의 안전 목표와 각자의 안전 행동 기준은?

그룹의 안전 목표	각자의 안전 행동 기준

〈그림 6-6〉 NKY 트레이닝(개선) 모조지의 체재

(2) 효과적인 NKY 활동 횟수

NKY 활동은 보통 한 달에 1회 정도씩 정기적으로 직장 그룹별로 모여 회사에서 발생한 사고를 사례 삼아 NKY 순서에 따라 모두가 토의하고, 그룹의 안전 목표와 개인 안전 행동 기준을 정하는 활동이다.

따라서 우선 한 달에 1회, 30~40분 정도 NKY 활동이 이루어지도록 제도화하지 않으면 안 된다. 활동에 필요한 시간을 직장에 강제로 요구하고, 그 범위 내에서 만나게 하는 방식을 취하기도 한다. 물론 불가능한 것은 아니지만 이 경우 직원은 관리자, 관리자는 경영자의 눈치를 보면서 활동하는 상태가 되기 쉽다. 그러면 활동에 필요한 자주성이 희석되므로 효과가 오르지 않는다. 무엇보다 모이는 시간이 무의미하다고 경영자가 생각하는 것 같으면 현장에서는 모임을 개최하지 않을 것이다.

NKY 활동의 제도화는 경영 중에 안전 관리가 어떻게 자리매김되어 있는지에 크게 좌우된다. 기계 설비 가동 향상을 '품질 향상을 가져오는 중요한 경영 자원'으로 여겨 안전 관리를 파악하고, 사고 감소는 '기업의 가장 중요한 인적 자원 확보를 보증하는 길'이며 회사에도 이득이 크다고 판단한다면 한 달에 1회 정도의 모임 시간을 갖는 것은 아무런 문제가 되지 않을 것이다.

모임이 이루어지지 않는 한 안전 관리로부터 얻을 수 있는 이득은 없다. 경영자나 관리자가 NKY 활동 효과를 신뢰하고 현장에서 월 1회, 일정한 날 일정 시간 동안 모일 수 있도록 제도화하면 현장은 NKY 활동을 꾸준히 실시하게 된다. NKY 미팅이 4~5회 정도 진행되면 그 효과가 나타난다. 반년 정도 지속하면 일을 진행하는 방식이 바뀌고 불안전 행위가 감소된다. 1년 정도 지속하면 재해와 사고 건수가 반감된다. 2~3년 지속하면 거의 확실하게 무재해 수준에 도달한다.

실제로 산업 재해가 자주 일어나고 있는 기업에서는 NKY 활동을 월 2회 정도 실시하면 그 효과가 빨리 나타난다. 다만 한 달에 4회 실시한다고 해서 두 달 후부터 효과가 나타나지는 않는다. 사람은 그처럼 빨리 변하지 않으며, 오히려 역효과가 일어나기 쉬우므로 주의해야 한다.

(3) 그림 만드는 법

NKY 활동에서는 회사의 사례 등을 다루며 토의하는데, 그때 그림 등의 재료가 토의 효과를 높인다. 만화를 잘 그리는 사원이 있으면 사고 사례를 만화처럼 그려 이용할 수 있다. 이때 필요 없는 것은 되도록 생략하고 기본적인 것과 중요한 것만 그리도록 한다. 쓸데없는 것을 그려 넣으면 토의가 옆길로 샐 우려가 있다. 단순화

할수록 자유로운 발상이 전개될 수 있다.

토의 재료는 그림이나 만화에 국한되지 않는다. 사고 현장을 둘러보고 그린 스케치로도 NKY 활동을 실시할 수 있다. 이 경우에는 설비 레이아웃이나 구조 등을 그려 넣어 토의 재료로 삼으면 구체적으로 다룰 수 있다. 또 현장 사진도 나쁘지 않다. 사진을 찍을 땐 가능한 한 전체를 판별할 수 있도록 촬영하는 것이 좋다. 그렇게 할 수 없다면 부분적으로 촬영한 사진을 연결해 전체를 알 수 있도록 해도 좋다.

가장 좋은 재료는 무엇보다 현장 그 자체다. 그룹의 전원을 사고 현장에 모이게 한 뒤 설비를 멈춘 채 순서대로 토론하는 과정에서 소속원 한 명이 사고 당시와 같은 동작을 재현해 보도록 한다. 그러면 위험 요인과 불안전 행위를 생생하게 확인할 수 있을 뿐 아니라 잠재하고 있는 다른 위험 요인도 발견할 수 있다. 그 결과 개선을 위한 토론의 폭이 넓어지므로, 몇 가지 위험 요인을 정리함으로써 해결할 수 있는 가장 좋은 개선안이 완성된다.

(4) NKY 활동 추적

사고 사례를 재료로 한 토론만으로는 안전에 대한 큰 효과를 볼 수 없다. NKY 활동의 가장 기본적인 목표는 행동 변용을 일으켜 인간을 변화시키기 위한 행동 규범을 만들고, 거기에 적응하는 행동 패턴을 만드는 데 있다. 즉, 정해 놓은 그룹의 안전 목표와 개인의 행동 기준이 달성되도록 그룹의 전원이 따르는 것이 중요하다.

NKY 도입 트레이닝을 사례로 설명해 보자. 자동차를 후진시키는 사례에서는 NKY 토의 결과 '후진할 때는 반드시 내려서 뒤쪽을 확인한다'라고 결정했다. 이 안전 목표에 따르는 행동 변용을 일으키는 방법으로는 예컨대 다음과 같은 것이 있다. 다음 페이지의 〈표 6-1〉과 같이 모두의 이름과 일주일 동안의 요일을 기입한 종이를 직장 벽에 걸어 둔다. 주차장에 후진으로 들어간 경우 ○표시를 기입하게 하고, 후진하기 전에 차에서 내렸다면 ○표시를 1개 더해 ◎표시를, 내리지 않았으면 동그라미 ○표시 안에 ×를 하도록 한다. 이 실천 성적을 1개월분으로 정리해 실천 기회에 대한 실행 비를 구한 다음 NKY 활동 시간에 모두에게 제시하고 '왜 할 수 없었는지', '왜 하지 않았는지'를 토의한다. ◎표시가 많은 사람은 구피질 행위에 대한 자각이 가능해졌다고 보고하며, ○표시 안에 ×가 많은 사람은 그룹 내 모두가 그 사람의 구피질이 얼마나 강력한지를 자각할 수 있도록 돕는다.

이처럼 그룹 토의를 통해 의사를 결정해 그룹 단위의 행동 지침을 거듭해 나감으로써 직장 전체의 행동 변용을 실현해 가는 것이 NKY 활동이다.

우리는 후진할 때는 차에서 내려 뒤쪽을 확인한다.								
이름	10/1 (월)	10/2 (화)	10/3 (수)	10/4 (목)	10/5 (금)	◎ 표의 수	⊗ 표의 수	◎ 표/찬스
준호	◎	◎	◎	◎	⊗	4	1	80
민영	⊗		⊗	⊗		0	3	0
상희	⊗	⊗	◎	◎	◎	3	2	60
재훈	◎	◎		◎		3	0	100
유리			◎	◎		2	0	100

후진할 때 '왜 차에서 내릴 수 없었나', '왜 차에서 내리지 않았나'를 구피질 수준에서 토의한다.

〈표 6-1〉 NKY 추적표

(5) 짧은 NKY

이제까지 해설한 NKY 활동은 일상 업무에서 벗어나 실시하는 방법이었다. 그러나 NKY는 이런 활동에 한정되지 않는다. 그러한 예로 단기 작업에 응용할 수 있는 진행 방법을 구체적으로 소개한다.

단기 작업에서는 작업을 개시하기 전에 충분한 협의, 즉 도구 상자 미팅을 하는 것이 중요하다. 이 미팅에 NKY를 응용할 수 있다. 이런 활동을 '짧은 NKY'라고 한다.

미팅에서는 먼저 당일의 작업 내용과 작업 순서에 대해 감독자가 설명하고, 그 다음에 각 담당 구분이나 공동 작업을 지정한 뒤 마치는 것이 일반적이다. 짧은 NKY에서는 5~10분 정도의 단시간에 구피질 효과가 나오도록 하는 작업을 조합한다. 구체적으로는 작업자 가운데 한두 명을 선택하고, 그 사람의 작업 순서와 안전 포인트에 대해 설명을 듣는다. 다음으로 작업 순서 내에서 '어떤 구피질이 나올 것인가'를 생각하도록 해 발표시킨다. 그 구피질 행위에 대해 어떻게 대처해 억누를 것인지 다 함께 간단하게 상의하고 나서 작업을 시작한다.

짧은 NKY의 특징은 단시간에 끝난다는 점과, 단시간에도 구피질 토로와 신피질에 의한 자기 인식이라는 기능이 조합되어 있다는 데 있다. 짧은 NKY는 단시간에 끝나므로 매일 해도 좋으며, 주 1회도 괜찮다. 필요에 따라 언제든 실시할 수 있다. 또 미팅 때마다 구피질을 토로하는 사람을 바꾸어 다 함께 시행할 수 있도록 하면 효과가 커진다.

또 월 1회 실시하는 NKY 활동과 이 짧은 NKY를 연동시키면 효과가 더욱 좋다. 실제로 그렇게 진행해 큰 효과를 얻어 사고가 발생하지 않자 월 1회의 NKY 활동을 중지해도 사고는 일어나지 않을 것이라고 판단하고 짧은 NKY만 실시한 기업이 있다. 그런데 이 변경 직후부터 사고가 늘어나기 시작했으므로 다시 원래대로 돌아가지 않을 수 없었다. 미팅 시간 절약은 자기 변신을 초래하는 효능을 줄여 버린다.

(6) 구피질로 보는 직장 순찰

대부분의 기업에서는 직장 순찰을 실시하고 있다. 다양한 조합의 안전 순찰이나 관리직만의 순찰 등 여러 형식이 있다. 좀 더 의식 있는 곳에서는 안전 소집단 활동으로서 안전 순찰을 하고 있다. 가장 효과적인 것은 두 직장끼리 서로 바꾸어 하는 안전 순찰이다. 어떤 직장의 그룹이 다른 직장으로 나가 다른 사람의 입장에서 위험 요인을 발견하거나 5S, 6S의 결점을 발견하는 방식이다.

이러한 안전 순찰의 효과를 높이는 데 NKY 활동을 활용할 수 있다. 즉, 직장 순찰이나 교차 안전 순찰 모두 형식을 불문하고 참가자는 구피질이 어떤 경우에 출현하느냐는 관점에서 직장과 설비를 조망한다. 혹은 직장 내에서 구피질이 가장 나오기 쉬운 A씨 입장에서, A씨라면 여기서 어떤 위험 요인을 접할 것인가 하는 관점으로 현장을 바라보면 잠재적 위험 요인이 보일 것이다.

또한 안전을 위해 작업장의 개선을 실시하는 경우에도 구피질을 방지하는 목적으로 대책을 세우면 효과적으로 개선된다.

제7장

안전 소집단 활동 진행

1. 안전 소집단 활동이란 무엇인가

직장 단위로 그룹을 구성해 그룹별로 토의함으로써 모두 함께 직장의 문제를 해결하는 활동을 일반적으로 '소집단 활동'이라고 한다. 품질 향상을 목적으로 일본에서 발명된 QC 서클도 직장 단위로 구성된 소집단 활동의 일종이다. 이 장에서는 소집단 활동을 구성하는 요소를 소개하고, 소집단 활동의 활성화라는 관점을 설명할 것이다.

(1) 직장 단위의 그룹 편성

그룹 전체가 토의할 경우 문제에 대해 공통된 이해를 가진 사람으로 그룹을 구성하면 문제의식도 생기고, 이미지도 솟아나며, 아이디어도 활발하게 제안할 수 있다. 직장이 다른 사람들로 이루어진 혼성 그룹이라면 문제에 관한 공통적인 이해를 구하기 어려우므로 논의가 활발히 이루어지기 어렵다.

(2) 리더 선출

리더는 관리자가 아니라 그룹의 일원 가운데에서 선출한다. 그룹 활동은 리더의 사회와 지도력을 바탕으로 이루어지므로, 리더가 고정되면 활동이 매너리즘에 빠지게 된다. 따라서 반년 혹은 1년마다 리더를 바꿔야 한다.

(3) 주제 선정

직장에서 일어나는 문제는 다양하다. 안전 문제뿐만 아니라 품질이 나빠지는 원인, 효율이 향상되지 않는 원인, 제품에 생기는 불량 등 다양한 문제를 안고 있는 곳이 직장이다.

안전 소집단 활동은 직장 단위로 그룹을 편성해 리더의 사회를 바탕으로 문제를 해결해 나간다는 점에서 일반 소집단 활동이나 QC 서클 활동과 다르지 않다. 그 활동 주제가 직장의 안전과 교통안전 등 주로 안전을 다룬다는 점이 다를 뿐이다.

'안전을 확보하자', '부상을 당하지 말자', '작업 순서를 지키자' 등 단순하고 명확하게 주제를 정한 다음, 그룹이 현장으로 나가 사고 발생 상황을 조사해 원인을 추구하면 좋은 결과를 얻을 수 있을 것이다.

(4) 안전 목표 설정

그룹 토의를 할 때 이제까지 설명해 온 NKY의 구피질과 신피질 관련 토의를 활용한다. 예컨대 무언가에 끼이는 사고를 없애는 것이 주제라면, 사고로 이끈 구피질이 어떤 유형인지 논의해 구피질이 생기는 배경을 모두 확인한다. 그룹 토의 결과 원인을 알아냈다면 그에 따라 행동 변용을 일으키기 위한 안전 목표를 설정한다. 나아가 그룹의 전원이 매일 행동하는 가운데 안전 목표 실시 유무를 개인별로 확인해 행동 변화를 실현해 간다.

확실하게 행동이 변화되었다고 확인하고 나면 다음의 새로운 목표를 설정해 안전 소집단 활동을 재개한다.

2. 안전 소집단 활동은 왜 효과가 있을까?

NKY 활동의 근본에 소집단 활동 형식이 도입되어 있는 데는 그만한 이유가 있다. 그것은 소집단 활동이라는 형식 자체가 인간을 바꿀 정도의 효과를 갖추고 있기 때문이다. NKY에 유효한 소집단 활동의 효용에는 다음과 같은 것이 있다(표 7-1).

① 그룹의 전원이 토의에 참가해 발언함으로써 대뇌가 활성화되어 사고력이 강화된다. 소집단 활동에 단순히 참가하는 것만으로는 효과가 작다. 묵묵히 듣기만 하면 발상이나 사고력이 향상되지 않는다. 하지만 직접 발언함으로써 대뇌가 활성화되고 사고의 네트워크가 넓어진다. 소집단 활동에서는 그룹의 전원에게 발언할 기회를 주어 사고력을 기르는 작용을 만드는 것이 효용을 증대하는 요소다. 이 요소를 활용하는 것은 리더의 역할이다.

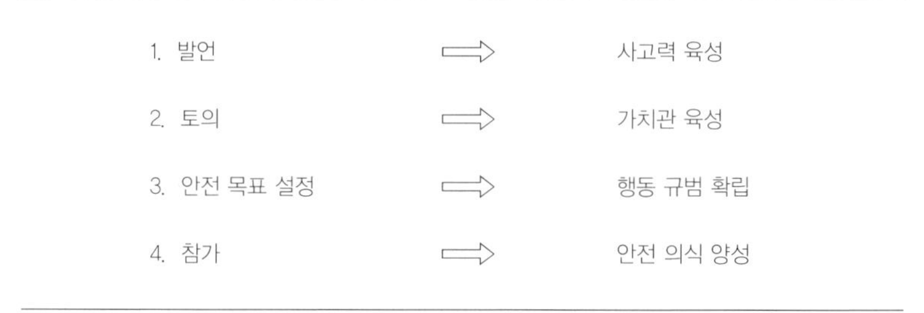

1. 발언	⇨	사고력 육성
2. 토의	⇨	가치관 육성
3. 안전 목표 설정	⇨	행동 규범 확립
4. 참가	⇨	안전 의식 양성

〈표 7-1〉 안전 소집단 활동의 효용

② 토의에 참가함으로써 가치관이 바뀐다. 그룹 활동에서는 어떤 발언에 대해 다른 사람이 다시 발언을 해 의견을 주고받게 된다. 의견을 여러 차례 주고받는 과정에서 다양한 가치관이 충돌한다. 그런 가운데 사고가 바뀐다. 직장에서의 도구 취급 방법부터 안전에 대한 사고방식이라든가 회사에 대한 의식에 이르기까지 모든 것이 바뀐다. 즉, 의견 교환이 활발해질수록 올바른 가치관이 길러진다. 이것도 리더의 역할이지만, 관리자가 안전에 대한 개념을 명확하게 제시하는 것도 중요하다.

③ 집단 규범이 행동의 기준이 된다. 집단 규범이란 그룹의 전원이 서로 이야기해 결정한 행동 기준을 말한다. 제2차 세계대전 때 미국에서는 식량 부족으로 소의 내장까지 식료품에 포함하지 않으면 안 되는 사태가 발생했다. 대화를 통해 전원이 이제까지 먹은 적 없는 내장을 식탁에 올리기로 결정했다. 참

가자가 서로 이야기를 나누면서 납득하고 결정한 기준인 집단 규범(행동 규범)은 그것을 지키게 하는 큰 힘을 가지고 있다. 그렇기 때문에 안전 소집단 활동에서는 미팅이 끝나기 전에 반드시 모두가 지킬 행동 기준을 결정하고, 매일 그것이 지켜지고 있는지 체크하는 것이 중요하다. 행동은 이런 식으로 변화하는 것이다.

④ 함께 이야기하고 행동하는 것이 안전 의식을 높인다. 특히 직장에 숨어 있는 위험 요인을 발견해 내고 모두가 개선에 참여하는 것이 공동체 의식과 안전 의식을 길러 준다. 어떤 기업에서 연간 네 건의 사망 사고가 발생한 적이 있다. 놀란 관리자들이 모두 모여 위험 요인 대책을 강구했다. 그 개선책은 필자가 봐도 하드웨어로서는 매우 훌륭했다. 동시에 불안했던 점은 직원이 그 개선 활동에 어느 정도 참가할 의지가 있는지였다. 필자가 질문을 하니 직원은 전혀 참가하지 않는다고 했다. 대책이 마련된 후에도, 그 이듬해에도 사고가 발생했다. 즉, 직원의 의식에는 아무런 변화가 일어나지 않았던 것이다. 그래서 직원 모두가 직장 총점검을 실시하고, 위험 요인 개선도 스스로 진행했다. 예상대로 그 후부터는 무사고가 여러 해 동안 이어졌다.

직원이 개선 운동에 스스로 참가하면 위험 요인이 보이는 센서가 생긴다. ‘참가’하는 것은 안전 소집단 활동에서는 빼놓을 수 없는 요인이다.

3. 리더의 역할

안전 소집단 활동이 활발하게 이루어지도록 함으로써 효과가 있도록 하려면 리더의 역할이 중요하다.

(1) 정기적으로 미팅을 갖는다

앞서 소집단 활동의 효용은 소속원의 발언과 의견 교환에 주로 달려 있다고 이야기했다. 이러한 요소들은 미팅을 열고 나서 가능해지는 것이므로, 리더의 첫 번째 역할은 미팅을 개최하는 것이다.

그런데 미팅을 개최하는 것은 꽤 번거로운 일이다. 상사는 일반적으로 미팅을 하는 동안 생산 활동이 중단되는 것을 싫어한다. 경영자도 미팅을 직원들의 놀이 과정으로밖에 생각하지 않는다. 미팅의 효용이 미팅 시간 동안의 생산 정지에 따르는 손실 이상의 공헌을 기업에 주리라는 사실을 좀처럼 이해하지 못한다. 따라서 리더는 상사에게 미팅을 개최하도록 허락을 받아야 한다. 이때 미팅을 개최함으로써 소속원들이 활발해진다고 이야기하면 좋다. 상사를 설득하지 않는 한 미팅 시간을 설정하기는 곤란하다.

회사나 상사가 미팅을 흔쾌히 허락하는 직장 환경이라면 리더가 적극적으로 미팅을 개최하도록 노력하지 않으면 안 된다. 리더 자신이 귀찮아서 미팅 개최를 게을리하면 다른 소속원들도 역시 미팅을 싫어하게 된다. 소집단 활동의 효용을 높이려면 1개월에 1회 이상 대화하는 자리를 마련하는 것이 최저 조건이므로 꾸준히 개최하는 것이 중요하다.

(2) 바람직한 대화

구성원에 따라 내성적인 사람이 많다면 미팅이 제대로 이루어지기 힘들다. 하지만 분위기를 잘 조성하면 모두 발언하는 일을 즐길 것이다. 여기서는 미팅 진행 방법과 대화 분위기 조성에 도움이 되는 사회자의 태도를 소개한다.

① "깜짝 놀란 경험에 대해 한 사람씩 이야기해 봅시다"라고 말하고 순서대로 발언하도록 한다. 여기서 '사고 이야기'라고 잘라 말하면 분위기가 경직되어 발언하기 어려워진다. '깜짝 놀

란 경험'이라고 하면 누구나 하나쯤 가지고 있으므로 드러내기 쉬울 것이다.

② 그런데도 말을 하지 않는 사람이 있을 것이다. 하지만 무리하게 강요할 필요는 없다. 말을 하지 않는다고 추궁하지 말고 "그러면 일단 순서를 뒤로 미루어 드리겠습니다"라고 말하고 다음 순서의 사람으로 넘어간다. 다른 사람이 발언하고 있는 중에도 그 사람이 무언가 말하고 싶어 하는 기미가 보이면 지명해서 발언하게 한다. 리더는 발언을 잘하지 못하는 사람에게 계속 주의를 기울여야 한다.

③ 모든 사람의 발언에 리더는 칭찬을 아끼지 않는다. 예컨대 "매우 좋은 의견이군요", "재미있는 아이디어입니다", "○○ 씨가 이런 의견을 내셨습니다. 여기에 추가 의견이 없으십니까?" 등 발언 내용을 지원하는 말을 덧붙이는 것이 중요하다. 그렇다고 리더가 사람들의 발언에 찬성이나 반대 의견을 말하면 참석자들은 이야기를 주고받기 어려워진다. 이렇게 되면 참석자는 말하기를 그만두거나 적극적으로 발언할 기분이 나지 않는다. 사회자 입장에서는 자신의 의견을 밝히기보다 발언 내용이 전개되도록 분위기를 만들기 위해 노력하지 않으면 안 된다.

④ 발언자의 입장을 간략히 언급하는 것도 분위기를 좋게 하는 방법이다. "베테랑인 준호 씨의 의견입니다"라든가, "갓 입사한 민영 씨가 새로운 의견을 내셨습니다"라거나, "남성들이 잘 알아차리지 못한 문제에 관해 여성인 상희 씨가 의견을 내셨군요" 등의 말을 들으면 발언한 사람은 '말하기를 잘했어'라며 기뻐할 것이다.

⑤ '유머상'을 정하면 분위기를 부드럽게 할 수 있다. 처음에 "오늘부터 유머상을 드리겠습니다. 미팅에서 모두 크게 웃을 수 있도록 유쾌한 발언을 한 분을 여러분이 뽑아서 그분에게 유머상을 줍시다. 6개월마다 유머상을 가장 많이 받은 분에게는 금일봉을 지급하겠습니다"라고 제안한다. 금일봉 자금은 제안제도를 활용하는 등의 방식으로 모으도록 한다. 유머상을 만들면 모두가 농담을 생각해 내거나 유쾌한 이야기를 떠올리므로 미팅 분위기가 한결 부드러워진다.

⑥ 미팅의 분위기를 좋게 하는 방법으로 '아이디어상'도 있다. "오늘부터 아이디어상을 드리겠습니다. 발언 중에 여기 있는 모든 분을 납득시키거나 그분의 발언으로 생각이 크게 달라졌다면 아이디어상을 드리겠습니다. 그리고 6개월 동안 아이디어

상을 가장 많이 받은 분은 금일봉을 받습니다”라고 제안한다. 물론 이 금일봉도 모두가 모은 자금으로 주면 된다. 아이디어 상이라는 방식으로 인해 모두가 좋은 의견이나 효과적인 의견을 내려고 노력할 것이다. 그 결과 미팅을 혼란스럽게 하는 의견을 내는 사람이 줄어들고, 미리 생각한 아이디어를 가지고 참석하는 사람이 많아질 것이다. 이렇게 하면 미팅이 효과적으로 진행되리라 기대할 수 있다.

4. 관리·감독자 역할

회사에도 유용한 안전 소집단 활동을 만드는 일은 관리 · 감독자의 역할이며, 그 책임은 리더의 그것보다 더욱 중요하다.

(1) 안전 활동의 방향 설정

안전 활동의 방향을 정하는 것이 관리 · 감독자의 역할이다. 그룹 소속원은 가능한 한 활동이 효과적이기를 바란다. 여기서 '효과적'이란 좋은 성과가 나와 회사로부터 인정받는 활동을 말한다.

그룹은 무엇을 하면 좋은지 알고 있더라도 어떤 주제를 골라 어떻게 해결하면 회사로부터 좋은 평가를 받을지는 모른다. 이럴 때 관리 · 감독자가 직장에 나와 무엇이 안전 대책으로서 가장 중요한지를 보여 주어야 한다. 또는 어떤 주제로 활동하면 좋은지 설명할 필요가 있다.

하지만 방향 설정이 강제로 받아들여지도록 하는 방법은 역효과를 낳는다. 그러므로 연구가 필요하다. 아침 조례나 점심 휴식 시간에 잡담을 나눌 때 모두에게 이야기하는 것도 자연스럽게 이해시킬 수 있는 방법 중 하나다. 특히 리더에게는 기회가 있을 때마다 자주 이야기해야 한다. 계단 아래에서 우연히 만날 때나 트레이닝 중에 수시로 안전 활동 방향 설정에 대해 이야기하라.

(2) 활동 지원

필요하다면 해결 방법에 유익한 '아이디어'를 보여 주는 것도 관리 · 감독자의 일이다. 그때그때의 주제에 맞춰 위험 요인의 존재나 발견 방법, 주제 고르는 방법 등 몇 가지 아이디어에 대해 알려 주면 좋다. 경우에 따라서는 QC 서클 활동에 이용되고 있는 'QC 일곱 가지 도구 강습회'를 열면 효과를 얻을 수도 있다. 혹은 소속원들과 함께 직장을 순회하면서 위험 요인 발견 방법을 전달하는 것도 의식을 향상시키는 데 도움이 될 수 있다.

다만 안전 대책으로서의 해결 방법, 즉 개선 방법에 대해서는 힌트만 주는 것이 좋다. 해결 방법을 구체적으로 지시해 버리면 소속원의 하고자 하는 의욕을 잃게 하거나, 소속원의 의식을 약화시키는 원인이 된다.

(3) 활동 후속 작업

개선을 실천하는 데 필요한 예산을 확보하라. 그룹에서 개선 아이디어가 정리되면 상사로부터 실시에 대해 허가를 구해야 한다. 개선 아이디어는 그룹 소속원의 자주적인 활동만으로 실현될 경우도 있지만, 대부분은 실행하는 데 재료비, 노무비, 가공비 같은 비용이 든다. 개선에 의한 안전 향상은 기업에도 큰 이익이다.

따라서 상사에게 개선 내용을 설명하고 필요한 예산을 청구해 받는 일도 관리 · 감독자의 임무다. 그 정도의 일이 어렵다면 부하직원으로부터 신뢰를 얻지 못할 것이다.

과장에게 월 1건당 100만 원씩 3건까지 자유로이 사용할 수 있는 예산을 주는 기업도 있다. 이런 곳에서는 과장의 권한으로 개선을 위한 비용을 적절히 지출할 수 있으므로 직장에서 위험 요인을 발견하기가 곤란할 정도다. 몰라볼 만큼 깨끗이 정돈되어 있기 때문이다. 이런 기업에서는 사고가 거의 발생하지 않는다.

제8장

안전 관리 진행

1. 안전 관리는 경영 태도

대부분의 기업이 일반적으로 '안전제일'을 외치고 있으나, 기업 활동 모두에 우선해 안전을 제일로 삼고 실행하는 기업은 그다지 많지 않다. 오히려 업무(생산 등)가 바쁘다 보면 약간의 사고는 생길 수밖에 없다고 생각하는 기업이 대다수다. 하지만 업적이 좋지 않고 덜 바쁜 기업일수록 사고가 오히려 많이 발생한다. 직원의 불안이 사고를 발생시키는 원인이 되는 것이다. 안전 관리가 잘된 기업에서는 일이 아무리 바빠도 사고가 일어나지 않는다.

안전에 대한 기업 경영자의 자세는 그대로 관리 · 감독자의 안전 관리 사고방식에 반영되고, 이것이 그대로 직원의 안전 행동 성적이 되어 나타난다. 직원이 부상을 입지 않도록 해야 한다고 생각하는 경영자는 안전 관리에 힘을 기울이므로 사고는 거의 일어나지 않는다. 하지만 사고는 직원이 일으키는 것이며, 안전에 투자하는 것은 낭비라고 생각하는 경영 태도 아래에서는 관리 · 감독자도 그렇게 생각하므로 사고가 줄어들지 않는다. 안전 성적만큼 경영 태도를 반영하는 것은 없다.

기업이라는 것은 기본적으로 직원의 행복을 배려해야만 한다. 직원의 복지와 기업 번영을 양립시키는 것이 경영자의 책임이다. 직원은 경영자의 태도를 민감하게 느끼며, 경영자가 자신들을 신뢰하면 그만큼 그것에 보답하려고 노력한다. 직원에 대한 경영자의 배려가 부족하면 경영에 대한 직원의 활동도 둔감해진다.

경영자는 직원이 매일 집으로 무사히 돌아가기를 바라야 한다. 그러기 위해 무엇을 해야 하는지, 어떤 것에 투자해야 하는지를 검토하라. 관리자는 그 의도를 받아들여 충분하고 효과적인 안전 관리를 실행하라. 직원은 그 신념에 따르게 마련이다. 그 결과가 무재해로 나타나 효율적이고 생산성 높은 기업이 이루어질 수 있다.

2. 안전 관리의 원칙

기업, 직장에서 안전성의 높고 낮음은 안전 관리를 구성하는 여러 요소가 작용한 결과 실현된 것이다. 즉, 안전 성적 S는 다음 페이지의 〈표 8-1〉과 같은 관계식으로 나타낼 수 있다. 여기서 E는 작업 조건이나 작업 환경, M은 직원, Mg는 관리를 나타낸다. 안전 관리 원칙을 이 요인들마다 살펴보자.

작업 조건이나 작업 환경에는 작업 시간의 길거나 짧음 및 주야 구분, 환경이 쾌적한 정도, 설비 및 기계의 위험 요인 유무 등이 포함된다. 최근에는 열악한 작업 환경이 거의 존재하지 않는다지만 증설에 증설을 거듭한 설비, 위험 요인이 노출된 작업 환경이나 설비, 안전 설비가 충분히 정비되어 있지 않은 높은 곳에서의 작업 등에서 사고가 발생하고 있다.

직원의 경우에는 나이, 작업 기능의 숙련도, 지식과 경험 정도, 구피질 수준, 사기, 기업에 대한 만족도 등의 요건도 사고와 관련

S= f (E × M × Mg)

E: 작업 조건(작업 시간, 작업 환경, 설비 등)

M: 직원(나이, 숙련도, 지식 · 감정 · 사기 · 만족감 등)

Mg: 관리(안전 자세, 직원 중심의 관리 등)

〈표 8-1〉 안전 성적의 관계식

이 있다. 고령 운전사나 보행자에 의한 교통사고라든가, 건설 현장에서 고령자의 추락 사고 등이 그 예이다. 사회 전반에서 고령화가 일어나고 젊은이들의 수가 줄어들면서 고령 작업자가 늘어났다. 그래서 젊은이가 할 작업을 고령자가 담당하고 있는 것도 이런 사고의 한 원인이라고 볼 수 있다. 고령화가 심각해지면서 안전 문제도 더욱 심각해질 것이다.

직장의 사기가 안전 성적에 반영되는 것은 오래전부터 지적되어 왔다. '인사 파괴'라는 이름이 붙은 무책임한 인사 관리는 직원의 사기 저하를 불러 생산성도 저하시킨다. 안전 관리를 포함해 인사 관리가 누구를 위해 하는 것인지를 좀 더 신중하게 생각해야 할 것이다.

관리 과정에서 안전제일의 기업 자세가 실행되고 있는지, 안전을 위한 투자가 이루어지고 있는지, 직원의 복지 향상을 고려하는 안전 관리가 이루어지고 있는지, 또 안전 관리 기술이 적절한 수준인지 등이 포함된다.

최근 바이오리듬이라는 제대로 규명되지 않은 사고방식을 믿고 직원들을 설득하는 기업을 볼 수 있다. 바이오리듬은 제4장에서 설명했듯이 과학적 연구에 의해 판명된 대뇌의 리듬인데, 그 근거를 과학적이라 보기에는 애매한 점이 많다. 예컨대 바이오리듬에서는 인간이 가진 생물적 리듬을 고정적 주기로 파악한다. 하지만 생물적 리듬은 동요하게 마련이다. 그것이 완전히 고정적 주기(카오스의 소실)가 되면 오히려 피로나 질병이 나타난다. 따라서 이런 주장을 따르는 안전 관리는 오히려 재해와 사고를 부르는 요인에 지나지 않는다.

안전 관리를 구성하는 이러한 세 가지 요인들이 양호하게 작용하면 양호한 안전 성적도 나온다. 이러한 세 가지 요인들을 과학적으로 관리 · 지도하면 안전이라는 실체가 생긴다는 것을 관리 · 감독자는 명심해야 한다.

3. 안전 관리는 관리 능력

관리 · 감독자는 안전 관리도 잘하지 않으면 안 된다. 관리란 단순히 사람을 조종하는 것이 아니다. 직원에게 안전에 대한 중요성을 환기시켜 안전이 작업의 가장 기본적인 조건이라는 것을 철저하게 주지시켜야 한다. 그리고 전 직원이 안전을 위해 서로 협력하도록 도와야 한다.

첫째, 관리 · 감독자는 안전하게 작업하는 것이 가장 중요하다는 점을 강조해야 한다. 또 안전하게 작업하는 것은 좋은 결과를 내기 위한 중요한 조건이며, 그것이 일을 즐겁게 할 수 있는 방법이기도 하다는 점을 알려 줄 필요가 있다. 또 관리 · 감독자는 도구 상자 미팅(작업 전의 의견 교환)을 중시하고, 부하들이 이를 미리 확실하게 실행하는 등 안전 관리를 철저히 해야 한다.

둘째, 직원이 안전 활동에 대해 의욕을 가질 수 있는 수단을 생각해 도입하고 실행하는 것이다. 그 수단으로는 소집단 활동으로 대

표되는 '참가 형식'이 가장 적합하다. 그래서 이것을 안전 활동의 기본으로 도입한 '안전 소집단 활동'에 대해서는 앞에서 상세히 설명했다.

또 하나의 참가 형식으로 제안 제도가 있다. 안전 수준 향상에 공헌한, 개선 완료된 아이디어에 대해 표창을 하는 것이다. 표창 제도는 직원의 의욕과 자발성을 환기시킬 수 있다.

셋째, 안전 소집단 활동을 활성화하도록 배려하는 것이다. 미팅 그 자체가 안전 활동이며, 고로 미팅의 활성화는 리더의 역할에 크게 의존한다. 미팅 시간 설정 등 소집단 활동의 환경을 조성해 리더가 그로 인해 힘들지 않도록 해야 한다.

넷째, 직장의 개선 능력을 습관화하는 것이다. 관리 · 감독자는 예정에 따라 작업을 진행시켜 목표를 달성하는 동시에, 모든 공정에서 작업이 안전하게 이루어질 수 있도록 해야 한다. 그렇게 하기 위해서는 생산성 향상에 도움이 되는 기술 지식뿐만 아니라 작업자의 안전과 작업 환경 개선에 유효한 지식, 예컨대 인간공학 같은 지식이 필요하다.

4. 직원의 안전 감수성을 높인다

안전 관리는 안전을 지도하는 과정에서 직원의 안전 감수성을 높이는 것이다. 위험 요인을 발견하는 센스, 작업 공정을 개선해 쾌적한 작업 환경을 창조할 수 있는 감수성 등을 길러 무엇을 보거나 어디에 있어도 어떤 것이 위험하고 어떤 것이 안전한지 알 수 있는 인간으로 변화시켜야 한다. 이 감수성에는 동료 직원의 안전에 대한 배려도 포함된다.

직원들이 이런 감수성을 기르게 하려면 관리 · 감독자도 직장 순찰에 직원들과 함께 참가해 직장의 위험 요인을 발견하고, 올바른 레이아웃 방법을 생각하도록 지도할 필요가 있다. 때로는 소집단 활동 미팅에 참가해 안전에 대해 설명하는 것도 중요하다. 그 외에 직장 단위의 안전 활동으로 이미 실시되고 있는 제안 전시회를 개최하는 등 기회를 마련해 직원들에게 안전 감수성을 교육하는 자세도 중요하다.

안전 감수성이 충분히 길러진 직원이라면 공장 부지 내의 보도에 빠져 나온 돌이 보일 때 그 돌을 위험하지 않은 장소로 옮길 것이다. 그때 그의 머릿속에는 돌을 잘못 밟아 누군가가 다칠지도 모른다거나 차가 지나가다가 그 돌을 튕기면 누군가가 부상을 입을 수 있을 수도 있는 생각이 떠오를 것이다. 이처럼 사고를 이미지화해 예측하는 것이 안전 감수성이며, 이것이 곧 안전한 행동을 불러일으키는 원인이다.

5. NKY 활동 도입

불안전 행위의 대부분은 구피질에 의한 감정 지배 때문이다. 따라서 구피질에 지배되는 심리적 상황을 신피질이 인식시켜 안전 감수성을 만들도록 강화하는 작용을 하는 NKY 활동이 안전 관리에 유효하다는 점을 앞서 확인했다.

관리 · 감독자는 반드시 NKY 활동을 직장에 도입하기 바란다. 도입하기에 앞서 관리 · 감독자 자신이 NKY 트레이닝을 체험하는 것도 바람직하다. NKY 트레이닝에 참가하면 참가자 전원이 감격해 토의에 참여하고 있는 모습을 보고 놀라게 된다. 이런 체험을 통해 이론 이외의 노하우를 얻을 수 있다. 그리고 무엇보다 NKY 활동을 도입하는 데 자신을 가지게 될 것이다.

또 NKY 활동을 도입할 때에는 관리 · 감독자가 경영자에게 NKY 활동의 효과를 설명하는 것도 중요하다. 그러려면 NKY 활동의 배경에 있는 심리학과 인간공학, 특히 하고자 하는 의욕을 형성하는

데 관련된 동기 부여 이론을 이해하는 것이 중요하다. 또 NKY 이론은 카운슬링 이론이나 ST(감수성) 훈련 위에 성립하고 있다는 것도 이해하지 않으면 안 된다.

6. 참가형 인간공학

마지막으로 참가형 인간공학(Participatory Ergonomics)을 소개한다. 이것은 완전히 새로운 기술이며, 그 효과가 전 세계의 여러 연구자들에 의해 밝혀지고 있다. 아래에 이 기술의 원리를 간단히 설명한다.

(1) 프로젝트 팀 결성

안전한 기업 만들기를 목적으로 한 프로젝트 팀을 결성한다. 그 리더를 총부부장으로 하고 안전과장, 제조과장, 생산기술과장, 노동조합 간부 외에 모델 직장의 담당 과장을 팀원으로 한다. 이 팀이 안전 대책 형식을 생각해 모델 직장을 선정하고 안전 대책을 실행함으로써, 그것으로부터 획득한 노하우를 어떻게 회사 전체로 확대할지 결정하는 주체가 된다. 또 이 팀 아래에 모델 직장의 QC

서클을 두고 조사와 개선안 실시, 평가 등에 협력하도록 요청하면 현실적이고 실행력 높은 안전 대책을 얻을 수 있다.

(2) 직장 조사

선정한 모델 직장에 대한 재해 통계 데이터를 수집해 분석하고 실태를 조사함으로써 프로젝트 팀의 작업이 시작된다. 이 작업에서는 사고 발생에 관련된 원인의 정보와 수집 면에서 그 직장의 QC 서클로부터의 협력이 필요하다.

이러한 작업을 통해 모델 직장에 어떤 개선 대책을 실시하면 좋을지 관련 아이디어를 찾고 대략적인 방향을 설정한다.

(3) 개선안 실시

프로젝트 팀이 작성한 모델을 QC 서클에 제안해 의견과 아이디어를 요청한다. 쌍방의 의견과 아이디어를 결합해 최종적인 개선안을 프로젝트 팀이 작성한다. 이 개선안에 근거해 QC 서클의 전원이 협력, 각 공정별 개선 실행안을 편성한다. 직장에 빈 공간이 있으면 그곳을 이용해 모델 공정을 구축하고, 모델 작업을 되풀이한 후 개선 실행안을 검토할 수 있다. 그럼으로써 실행성 높은 안을 얻을 수 있을 것이다. 개선 실행안에 대해 모델 작업 참자가의 의견을 구하고, 문제가 있으면 재검토한다. 문제점이 해소된 단계에서 개선 실행책을 실제 라인에 도입한다. 실시하는 데 드는 비용을 이 단계에서 정리해 프로젝트 팀에서 경영자에게 제출, 승인을 받아 예산으로 확보한다.

(4) 개선 평가

개선 실행책을 바탕으로 개선을 실시한 다음 그 효과를 조사해 팀에서 평가한다. 모델 직장에서 이미 제1회 리뷰를 실시해 재검토하고 있으므로 문제는 거의 없겠지만, 최종적으로 확인하려면 평가를 반드시 해야 할 것이다.

(5) 다른 직장으로의 확대

모델 직장에서 얻은 노하우를 다른 작업장으로 확대해 작업장 전체에서 안전 대책을 실시한다. 그 후 회사가 얻은 효과를 평가한다.

이상이 참가형 인간공학의 개요다. 여기에는 중요한 포인트가 두 가지 있다. 하나는 직장 작업원의 '참가'를 요구함으로써 그들의 아이디어를 개선에 도입한다는 점이다. 직장의 문제를 누구보다 잘 알고 있는 사람은 바로 작업자다. 그러므로 그들의 아이디어야말로 올바른 해결책을 얻는 밑거름이 될 것이다.

또 하나의 포인트는 안전 대책에 인간공학 지식을 활용하는 것이다. 제2장부터 제5장까지 해설된 내용이 이 포인트와 관련 있으니 다시 한 번 자세히 읽기 바란다.

이처럼 참가형 인간공학은 관리 · 감독자로부터 현장의 직원에 이르기까지 모두 참가하도록 하는 활동이며, 개선에 과학적인 지식을 이용하고 있다. 그러므로 매우 효과적인 성과를 기대할 수 있는 방법이다.

안전 한국 6

안전관리자를 위한 인간공학

편　　냄　2015년 10월 10일 1판 1쇄 박음 | 2015년 10월 20일 1판 1쇄 펴냄

지 은 이　나가마치 미츠오

옮 긴 이　박민용, 박인용

펴 낸 이　김철종

펴 낸 곳　(주)한언

등록번호　제1-128호 / 등록일자 1983. 9. 30

주　　소　서울시 종로구 삼일대로 453(경운동) KAFFE 빌딩 2층(우 110-310)

TEL. 02-723-3114(대) / FAX. 02-701-4449

책임편집　주소림, 장웅진

디 자 인　정진희, 이찬미, 김정호

마 케 팅　오영일

홈페이지　www.haneon.com

e-mail　haneon@haneon.com

책값은 뒤표지에 표시되어 있습니다.

잘못 만들어진 책은 구입하신 서점에서 바꾸어 드립니다.

ISBN 978-89-5596-731-9 04500

ISBN 978-89-5596-706-7 04500(세트)

「이 도서의 국립중앙도서관 출판예정도서목록(CIP)은 서지정보유통지원시스템 홈페이지(http://seoji.nl.go.kr)와 국가자료공동목록시스템(http://www.nl.go.kr/kolisnet)에서 이용하실 수 있습니다.(CIP제어번호: CIP2015026853)」

'인재NO'는 인재人災 없는 세상을 만들려는 (주)한언의 임프린트입니다.

한언의 사명선언문

Since 3rd day of January, 1998

Our Mission − 우리는 새로운 지식을 창출, 전파하여 전 인류가 이를 공유케 함으로써 인류 문화의 발전과 행복에 이바지한다.

− 우리는 끊임없이 학습하는 조직으로서 자신과 조직의 발전을 위해 쉼 없이 노력하며, 궁극적으로는 세계적 콘텐츠 그룹을 지향한다.

− 우리는 정신적·물질적으로 최고 수준의 복지를 실현하기 위해 노력 하며, 명실공히 초일류 사원들의 집합체로서 부끄럼 없이 행동한다.

Our Vision 한언은 콘텐츠 기업의 선도적 성공 모델이 된다.

저희 한언인들은 위와 같은 사명을 항상 가슴속에 간직하고
좋은 책을 만들기 위해 최선을 다하고 있습니다.
독자 여러분의 아낌없는 충고와 격려를 부탁 드립니다.
• 한언 가족 •

HanEon´s Mission statement

Our Mission − We create and broadcast new knowledge for the advancement and happiness of the whole human race.

− We do our best to improve ourselves and the organization, with the ultimate goal of striving to be the best content group in the world.

− We try to realize the highest quality of welfare system in both mental and physical ways and we behave in a manner that reflects our mission as proud members of HanEon Community.

Our Vision HanEon will be the leading Success Model of the content group.